天気のことわざは本当に当たるのか考えてみた

 著 猪熊隆之

ベレ出版

は じ め に

「明日、天気になーれ」。幼い頃、靴を蹴り飛ばして明日の天気を
占ったものです。また、私たちは、「夕焼けの翌日は晴れ」「猫が顔
を洗うと雨」など、おじいちゃんやおばあちゃんから天気にまつわ
ることわざを聞いたものでした。

天気予報がなかった時代には、山にかかる雲の様子や風向き、生
物の行動の変化などから天気を予想していました。このように、雲
を眺めたり、風を感じたり、五感を使って今後の天気を予想するこ
とを「観天望気」といいます。この技術は、「天気のことわざ」と
して残され、各地で伝えられてきました。それらのなかには、科学
的な根拠に基づいていて現在でも通用するものもあれば、単なる迷
信に過ぎないものもあります。

この本では、全国各地に伝わる代表的な天気のことわざを紹介し
ながら、そのことわざが言い伝えられてきた経緯や、信憑性につい
て検証していきます。私が独断でつけた信頼度も掲載しますので、
ご参考にしていただければと思います。

ことわざを知ることによって、皆さんが天気により興味を持ち、
その地域の天気や文化、自然をより親しむことにつながっていけば、
筆者としてこれ以上嬉しいことはありません。

さあ、天気が持つ、さまざまな神秘を解き明かす「ことわざ」の
世界へ入っていきましょう！

2

本書の使い方

1

1

朝焼けは雨、
夕焼けは晴れ

2

ているということは、その後も好天が続くということになります。

中央アルプスからの朝焼け

昔からよく言われることわざです。日本の上空は、夏を除いて偏西風[※]という西風が吹いています。この西風に流されて、高気圧や低気圧は西から東へと進んでいくので、日本の天気は西から東に変化することが多くなります。

朝焼けが見られるということは、太陽が昇ってくる東の空に雲が少ない状態です。また、朝焼けが美しくなるのは水蒸気が多いときです。低気圧や前線が近づいてくると、空気中の水蒸気が多くなるため、天気が崩れやすくなります。もうひとつ、朝焼けが美しくなるのは、雲が多いときです。雲が朝陽に照らされると赤く焼けます。特に、ひつじ雲（高積雲）やうろこ雲（巻積雲）が焼けると美しい朝焼けや夕焼けになりますが、これらの雲が多くなると、天気が崩れることが多くなります。

夕焼けが見られるのは、西の空が晴れているときです。西の空が晴れ

夏や冬は、このことわざが通用しなくなるためです。夏は偏西風が日本のずっと北に移動して、日本上空の風が弱くなるためです。冬は、冬型と呼ばれる気圧配置が多くなり、このときは北西風が吹くので、風上側の北西側から天候が変化していくことが多くなります。

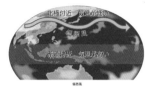

偏西風

※ 偏西風とは、北半球と南半球のそれぞれ中緯度と高緯度の低緯度側を吹いている西風のこと。偏西風が特に強まるところをジェット気流と呼ぶ。偏西風は南北に温度差が大きいところで吹き、日本列島は高緯度側の冷たい空気と、低緯度側の暖かい空気がぶつかりやすいところなので、偏西風が上空に吹いていることが多い。

42　43

3

確率 ★★★

4

これまで述べてきたように、朝焼けが見られるときには天気が崩れ、夕焼けが見られるときは好天になることには根拠があります。したがって、当たることもけっこうあるのですが、はずれることもあります。春や秋でも、地形の影響で天気が変わるときは、山の位置や風向きなどによって、朝焼けでもお天気が崩れないケースもあります。

ひつじ雲やうろこ雲が全天に広がるときは、雲底が真っ赤に染まるため、たいへん美しい朝焼けや夕焼けが期待できます。それらの雲がおぼろ雲（高層雲）に変わるときは天気が崩れることが多くなり、逆におぼろ雲からひつじ雲やうろこ雲に変わるときは天気が回復することが多くなります。また、山では天候の変化が早いので、美しい夕焼けが見られた翌朝に雨や雪が降ることもあります。私が12月に谷川連峰（群馬県・新潟県）を縦走したときも、夕焼けが美しく、夜の初めは星空が見えた

富士山の影が雲に投影される「逆さ影富士」。天候が崩れる兆し

44

1 ことわざ
2 解説
3 確率（5段階で評価）
4 まとめ

もくじ

1 生きもののことわざ

5 山に関することわざ

6 海に関することわざ

7 著者オリジナルのことわざ

コラム

用 語 解 説

【雲】　　　　水蒸気を含んだ空気が上昇し、上昇した空気が冷やされることで、水蒸気が水滴や氷の粒（氷晶）になり、雲になる。上昇気流が起こりやすいところは、低気圧の中心やその周辺、前線とその周辺、日射のあたるところ、風と風がぶつかるところ、山の斜面など。

【十種雲形】　雲は、できる高さや形によって10種類に分けられる。さらに高度などによって「上層雲」「中層雲」「下層雲」「対流雲」のグループに分けることができる。詳しくは190ページを参照。

【上層雲】　　巻雲（すじ雲）……すじ状の雲。最も高いところにある。
　　　　　　　巻積雲（いわし雲、うろこ雲）……小さな白いもこもことした雲。
　　　　　　　巻層雲（うす雲）……空の広い範囲に薄く広がる雲。

【中層雲】　　高積雲（ひつじ雲）……巻積雲に似ているが、それより塊が大きな雲。
　　　　　　　高層雲（おぼろ雲）……空の広範囲を覆う、灰色の雲。
　　　　　　　乱層雲（雨雲、雪雲）……空の広範囲を覆う、雨や雪を降らせる雲。

【下層雲】　　層雲（霧雲）……最も低いところにできる、霧状の雲。
　　　　　　　層積雲（うね雲）……畑のうねのような形をした、大きな塊状の雲。

【対流雲】　　積雲（わた雲）……晴れた日によくできる、綿状の雲。
　　　　　　　積乱雲（入道雲、雷雲、かなとこ雲）……激しい雨や雷を引き起こす雲。

【低気圧】　　周囲より気圧の低いところ。温帯低気圧や熱帯低気圧などの種類がある。低気圧の中心に向かって反時計回りに風が吹き込み、雨や雪をもたらす。

【前線】　　　性質の違う空気の塊が接するところ。寒冷前線、温暖前線、停滞前線、閉塞前線があり、前線の周辺では雨や雪が降る。

1章

生きものの
ことわざ

カエルが鳴くと雨

「カエルが鳴くと雨」。一度は聞いたことがあるのではないでしょうか？　昔からよく言われてきたことわざですね。

　このことわざが言われるようになったのには、カエルの皮膚呼吸が影響している、という説があります。カエルは全呼吸量の30〜50％を皮膚呼吸で補っています。皮膚呼吸とは、皮膚を通して行なわれる呼吸の

筆者の住んでいるところに多く生息するアマガエル

ことで、湿度が高いところでは、皮膚から二酸化炭素を排出し、酸素を取り入れるガス交換がうまく機能するそうです。雨が降る前には湿度が高くなることが多いので、カエルが皮膚呼吸のためにたくさん鳴くようになり、「カエルが鳴くと雨」と言われるようになったというわけです。

しかしながら、カエルは、湿度が高いときだけでなく、オスがメスを誘うときや、他のオスに縄張りを示すときにも鳴きます。また、湿度が高いからといって、必ず雨になるわけでもありません。日本の夏は、太平洋高気圧と呼ばれる、暖かく湿った空気を持つ高気圧の影響で湿度が高く、蒸し暑いですよね。それでも晴れた日が何日も続きます。

私が住んでいる八ヶ岳山麓には田園風景が広がっています。すぐ近くに田んぼがあり、田植えの頃からカエルは毎日のように大合唱を始めます。それでも、雨になるのは数日に一度程度です。私の経験では「カエルが鳴くと雨」というのはあまりしっくりきません。

八ヶ岳山麓の田園風景。初夏にはカエルの大合唱となる

確率 ★ ★

　愛知教育大学の調査では、カエルが鳴かなかった翌日に雨が降った割合は11%、よく鳴いた日の翌日に雨が降った割合は36%という結果が出たそうです。ということは、カエルが鳴かなかった日の3倍以上、よく鳴いた日の翌日に雨が降ったことになります。ただし、よく鳴いた日の翌日に雨が降らなかった割合は64%にもなりますから、予報としては信頼度が低いと言えるでしょう。

参考文献

◎ 矢部 隆・加藤英明（監修）『は虫類・両生類』講談社、2013年

◎「カエルが鳴くと雨が降る？　キャンピングカー宿泊でよく見る日本のカエル3選」 https://mobiho.jp/fun/980/

ツバメが
低く飛ぶと雨

「ツバメが低く飛ぶと雨が降る」ということわざがあります。このことわざには2つの説があります。

まずは、広く言い伝えられているほうの説からいきましょう。ツバメは蛾やハエ、ハネアリ、アブなどの飛んでいる虫を食べています。これらの虫は、空気が湿ってくると、羽に水分がついて重くなって高く飛べなくなり、結果として、それらの虫を追いかけるツバメも低く飛ぶようになる、という説です。

低気圧が近づいたりして天気が崩れるときは、湿度が高くなるので、この説はもっともらしく思えるのですが、いくつか疑問が生じます。虫の羽に水分がつくくらい湿っているというのは、空気中に水蒸気が多いということです。虫の羽には非常に多くの細かい毛があり、水蒸気よりはるかに大きい雨粒すら弾いてしまいます。それよりずっと小さな水蒸気が、虫が飛べなくなるほどくっつくのでしょうか。その前に弾いてしまう気がしますよね。加えて、日本の夏は、晴れていても湿度が高く、とても蒸し暑いですよね。でも夏のツバメがいつも低く飛んでいるかというと、そうではありません。これらの事実から、この説はあまり信頼がおけないでしょう。

しかしながら、雨が近づいたときに、ツバメは低く飛ぶことが多い気がします。そこで次の説にいきましょう。

　虫の羽は雨を弾くようにできていますが、雨にはできれば打たれたくないもの。そこで、気圧や湿度の変化などから「雨が近づいているな」と感じると、葉っぱの裏などにすぐ隠れられるように、地面の近くを飛ぶようになり、それを追いかけるツバメも低く飛ぶという説です。
　こちらも、虫の生態にはまだわからないことが多く、断言はできないのですが、虫は気圧や湿度を読み取る力があるのではないかと言われているようです。人間でも、気圧や湿度の変化で古傷が痛むとよく聞きます。じつは、私もそのひとり。虫たちにそういう力があっても不思議はないですね。

春になるとやってくるツバメ

確率　★★★

　実体験から、このことわざは意外と当たることが多い気がします。2つ目の説はそれなりに信憑性もありそうですしね。ただし、予報が当たらなくてもツバメさんを責めないでくださいね（笑）。

参考文献

◎「コトリペストリ」　https://kotori-pastry.com/tennki-tubame/3747/
◎「月刊SORA」2016年4月号　http://weathernews.jp/soramagazine/201604/

生きもののことわざ

3 猫が顔を洗うと雨

猫の仕草と天気の関係は、古くから言い伝えられてきたようです。猫研究書として知られる石田孫太郎の『猫』のなかでも「猫顔を拭いてその手耳を越せば雨」「猫顔を拭いてその手耳を越さねば晴れ」と紹介されていますし、『日本俗語大辞典』でも「猫の洗面と晴雨」として、各地域のことわざが紹介されています。それだけ、猫と人間の関係は密接

夏になると実家から毎年、遊びに来ていたリリィ

とも言えます。

　それでは、どうしてこのことわざが言い伝えられてきたのか理由を探ってみましょう。猫の顔には50〜60本のヒゲがあります。ヒゲにはたくさんの神経が集中していて、わずかな空気の動きや音の振動を感じとることができます。風や湿度の変化も感じとることができ、雨が近づいて湿度が高くなると、気圧や湿度が変化することへの不安を取り除くために、猫は顔を洗うという説があります。また、雨が降る前には湿度が高くなります。すると、猫の顔についたノミが活発に動き出して顔がかゆくなるので、顔をよくこするようになるという説もあります。

　たしかに、これらの説を聞くと、もっともらしく思えますね。しかしながら、猫が顔をなでるのは、こうしたときだけではありません。

　猫が顔をなでたり、毛づくろいをしたりする行動を「グルーミング」と言います。グルーミングを行なうのは、①汚れなどがついて体を清潔にしたいとき、②食べ物を食べた後など、敵から見つからないようにニ

グルーミングをする猫（lowpower225 / Shutterstock.com）

オイを消したいとき、③暑いときに人間が汗をかくように、自分の体を舐めて唾液の水分が蒸発するときに熱を奪うことで、体温を下げようとするとき、④病気から身を守りたいとき、⑤ストレスを感じてそれを紛らわしたいとき、などが挙げられます。

　私も両親が亡くなるまでは、実家で猫を飼っており、毎年、夏になると1か月くらい、私の住んでいる長野県茅野市に来てくれていました。こちらは涼しいので、猫にとってもストレスが少なく、元気に遊びまわります。つい嬉しくてキャットタワーまで飼ってしまいましたが、猫がいない今は物置になっています（笑）。

　さて、このことわざが当たるかどうかですが、雨が近いから顔をなでているのか、それとも他の理由でなでているのかは残念ながらわかりませんよね。私の経験では、雨以外の理由で顔をなでていることのほうが圧倒的に多い気がします。しかしながら、なで方の違いなどでそれを判別できれば、確率は一気に上がるかもしれません。残念ながら、私はその域には達しませんでした。猫を飼っている皆さん、ぜひチャレンジしてみてください！

参考文献

◎「いぬと暮らす、ねこと暮らす」　https://www.axa-direct.co.jp/pet/pet-ms/detail/8482/
◎ カリカリーナ「猫とおしゃべり」　https://www.caricarina.com/blog/221108-mmk95/

冬野菜の代表、大根。その大根にまつわるこんなことわざがあります。「大根の根が長い年は寒い」。一般に、地面の温度が低い地域で育った大根は細く、地面の温度が高い地域で育った大根は太くなります。地下深いところほど土の中の温度は一定していることから、厳しい寒さの年でも温度はそれほど下がりません。それに対して地表付近の温度は、冷え込みが厳しい年ほど低くなります。そのため、気温の低い年ほど、大根の根は熱を求めて地下深くまで伸び、逆に暖かい年は太く短くなる傾向があります。

夜間から朝にかけて地面の温度は、私たちの身長の高さの気温より低くなります。これは、放射冷却という現象が関係しています。地球は太陽からの光を受けて暖められています。それだけだとどんどん温度が上がってしまいそうですが、地面や海などの地表から宇宙に熱を放出します。これを放射といいます。太陽からの熱を地面は吸収しやすいので、日中は地面の温度が非常に高くなります。夏に砂浜の上を歩くと、火傷しそうな熱さになっているのはそのためです。

一方、夜の砂浜を歩くと、ひんやりとして気持ちいいですよね。太陽

からの光によって地面は暖められますが、地中の深いところまでは熱を通しません。太陽が沈んだ夜間は、太陽の光で暖められることがなく、地面から熱がどんどん逃げていってしまうので、温度が下がっていきます。これを放射冷却といいます。一方で、地中の深いところでは、昼間も夜間も温度の変化がほとんどないのです。

放射と放射冷却

　ところで、豪雪地帯では長い間、冬の食料確保が難しく、雪の中で大根などの野菜を保存してきました。雪の中で保存した野菜は甘さが増すと言われています。その古くからの知恵を生かして、新潟県長岡市では、収穫前にあえて雪をかぶせて保管しておく「雪大根」と呼ばれる商品があります。一般の大根よりみずみずしく、甘いそうです。一度味わってみたいですね。

　たしかに大根の根が長い年は寒くなるのですが、冬の寒さが厳しいから大根の根が細長くなるのであって、大根がその冬の寒さを予想できるから細長くなるのではありません。原因と結果が逆になっていますね。

5

カマキリが高いところに卵を産みつけるとその冬は大雪

　カマキリは秋になると、卵を包む袋状の卵鞘を草や木の枝に産みつけます。その際に、本能的にその年の積雪の多さを考慮して、積雪に埋もれることのない、高い場所に卵を産む傾向があるという言い伝えがあります。このことわざを科学的に説明しようとしたのが酒井與喜夫氏です。

　酒井氏は、その著書のなかで「雪国のカマキリにとって一番大事なの

カマキリの卵のうの写真 (dreamnikon / Shutterstock.com)

は卵のう（卵鞘のこと）が雪に埋もれてしまわないことです」と述べて
います。深い雪の中に埋もれると、卵は死んでしまうからです。そこで、
雪に埋もれない高さに卵を産む必要があり、積雪が多い年は、より高い
ところに卵を産み、少ない年は低いところに産む傾向があり、それを調
査によって確かめることができたとしています。そして、その年の積雪
予想を、産みつける木や草の高さや地形、例年の積雪深などで補正した
式をつくって、長い間、発表しつづけました。その精度がよかったこと
から、このカマキリの言い伝えは真実だと思われるようになり、テレビ
や新聞などでも取り上げられました。

　一方で、この学説を否定したのが、農学博士で弘前大学名誉教授の安
藤喜一氏です。約4か月間、雪に埋もれていたカマキリの卵のう47個
を青森県の弘前市内で採集して、約9000個の卵の孵化率を調べたところ、
約98%の卵が孵化したことから、カマキリの卵が雪に対する耐性を持っ
ていることを明らかにしました。また、野外で卵のうが産みつけられて
いる位置は植物の種類によってまちまちで、しかも、大半が雪に埋もれ
て越冬していることを、2007年に学会で報告しました。
　これらの事実から安藤氏は、カマキリが積雪量を予想して、雪に埋も
れない高さに産卵するという説は誤りと結論づけています。また、酒井
氏の積雪深の精度がいいのは、地形や例年の積雪深などによる補正を行
なっているからで、カマキリの卵の高さによって積雪深を予想している
わけではないとしています。

　酒井氏の学説と安藤氏の学説を比較すると、安藤氏の学説のほうが信

憑性が高いように思いました。ただし、カマキリの能力にも期待したいという、科学的でない自分の感情もありますね。皆さんはどちらを信じますか？

　似たようなことわざで「カメムシが多い年は大雪」というものがありますが、残念ながら、こちらも科学的に証明されていませんし、私が住んでいる長野県諏訪地域ではここ数年、まったく当たりませんね（笑）。

参考文献

◎ 酒井與喜夫『カマキリは大雪を知っていた』農山漁村文化協会、2003年
◎ 安藤喜一『カマキリに学ぶ』北隆館、2021年

6 クモが巣を張れば
雨は降らない

　クモの巣（実際には網だが、以下、巣と呼ぶことにする）にまつわる天気のことわざは、日本各地にたくさん存在します。たとえば、『天気予知ことわざ辞典』（大後美保、東京堂出版）によると、「クモが大きい巣を張ると翌朝雨が降る」「クモが巣を変えたら雨（広島県）」「クモが巣をつくると雨が降らない（長野県北安曇郡）」「クモが巣をつくると雨が降る（福井県南条郡）」「クモが巣を張りだすと雨があがる」「クモが葉の裏にかくれると雨」などなど、多くのことわざが日本各地に伝えられているそうです。

　これらを見ただけでも、クモが巣をつくると雨という地域もあれば、逆に晴れるという地域もあり、まったく反対のことが言われているので、「いったいどっちなのだろう。それとも、どっちも迷信？」と悩みます。それを探るために、巣を張るタイプのクモについて少し調べてみました。

　巣をつくるタイプのクモは蚊、蛾、ゴキブリ、ハエなどを食べて生きています。私たちにとって、とてもありがたい存在とも言えますね。そして、これらのエサが多いところに巣を張ります。

　さて、「クモが巣をつくると雨が降る」というのは、屋外に巣をつく

らず、軒下やベランダなど、雨が当たらないところで巣をつくるからという意味だと思いますが、そう考えると「クモが巣を張りだすと雨があがる」ということわざと違いがありません。これらのことわざの根拠には、「クモは雨が降ると巣をつくらないから」という認識がありますが、実際には、雨上がりや露がついたクモの巣を見かけることはよくあります。山を歩いていたり、近所を散歩したりしているとき、雨上がりに水滴のついたクモの巣を見ることがあります。太陽の光が差し込むとキラキラと宝石のように輝いて見えるときは、引っかかると悪態をつきたくなるクモの巣も神々しく感じます。

水滴のついたクモの巣（SakSa / Shutterstock.com）

　さらに調べていくと、クモの種類によって雨や風に耐える力は異なるものの、クモの糸は「スピドロイン」という、クモ特有のタンパク質からできていて、縦糸と横糸があり、複数の糸がより合わさってできているため、弾力性があるようです。また、原料がタンパク質のため、熱には弱いのですが、水には強いそうです。雨より風による影響を強く受けることもわかっています。

ということで、雨の日に巣を張らないのは、巣が雨に弱いというより
は、雨の日はエサとなる虫があまり活動しないからという理由のほうが
大きそうです。実際、クモを飼って観察している人は、雨が降り出すと
きにはクモは巣をつくりつづけることが多く、雨が強くなると巣づくり
を中断し、雨がやむと再開することが多い、と言っていました。

　雨が強くなると、巣を張らないことはあっても、雨が降る前に降雨を
予想して巣づくりをしなくなることは考えにくそうです。また、クモは
絶食に強くて、種類にもよりますが、1週間～2か月くらいは何も食べ
なくても生きられるようですね。その生命力、見習いたいものです（笑）。

参考文献

◎ 愛知県刈谷市住吉小学校理科部6年「クモの糸にできる「水滴」の研究」　https://www.shizecon.
net/award/detail.html?id=530
◎ 永 哲・野口玉雄（監修）『危険・有毒生物』学研教育出版、2013年
◎ 大後美保『天気予知ことわざ辞典』東京堂出版、1984年

7

アリの行列を見たら雨

　このことわざは、卵が水に浸からないように、卵を巣から運び出すアリの行列が、雨が降る前に見られるという意味です。

　アリの種類にもよりますが、多くのアリは土の中に巣をつくり、その中にたくさんの部屋をこしらえて生活しています。土の中に巣をつくるのは、雨や風の影響を受けにくいことと、土の中は温度がほぼ一定なので過ごしやすいからと言われています。アリは、体からフェロモンを出して、ニオイでコミュニケーションをとることができるため、真っ暗な巣の中でも困らないのです。巣の中には、数多くの部屋があり、それらは女王アリの部屋、食べ物を保管する部屋、ゴミを置いておく部屋など、用途ごとに分けられてきちんと整理されています。そして、アリたちは作業を分担して効率的に働いています。まるで人間社会のようですね。

　アリにとって非常に大切な巣が浸水したらどうなるのでしょうか？じつは、アリは雨の気配を感じると、巣穴の入り口に土をかぶせて、水が入らないようにします。巣の構造は、部屋と部屋を結ぶ通路は下向きにつくられていますが、部屋は通路から横に穴を掘って横穴式になっていて、水が上から流れてきても、部屋には入らないようになっているのです。

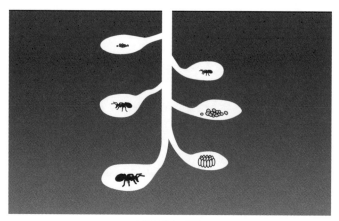

アリの巣穴の構造

　それでも激しい雨が降るなどして水が入ってきてしまうときがあります。そんなときは、雨がやんで水が引いてから、傷んだ巣の修復作業にかかります。雨がやんだ後、アリたちが行列をなして土を一生懸命に運んでいるのは、こうした理由からです。

　雨がやんだ後に、アリたちが巣の修復作業のために、行列になって土を運ぶ様子が見られるので、「アリの行列を見たら雨」ではなく、実際には「アリの行列を見たら雨あがり」が正解のようです。その一方で、雨の気配を感じると、巣穴の入り口に土をかぶせるのが事実だとすれば、これは湿度の上昇などをセンサーで感じるからなのでしょうか。気になるところです。

アリの行列 (HIROSHI MIYAMOTO / SEVEN PHOTO / amanaimages)

参考文献

◎「生活110番」 https://www.seikatsu110.jp/library/vermin/vr_ant/43129/
◎「キッズネット」 https://kids.gakken.co.jp/kagaku/kagaku110/science0189/

8

ミミズが地上に
出てきたら雨

　最近は、ミミズを見ることが少なくなりましたね。昔は、アスファルトの道の上でもミミズをよく見かけたものでした。ミミズは、土の中をお掃除し、植物の生長に欠かせない栄養素をつくってくれる大切な存在です。そんな彼らが少なくなっているのは、土の中がミミズにとってよくない環境になってきているからでしょうね。

ミミズ（Toru Kimura / Shutterstock.com）

　さて、そんなミミズさんですが、昔はありふれた存在であったため、彼らにまつわるさまざまなことわざがありました。特に有名なのが、「ミミズが地上に出てきたら雨」というものです。今から遡ること40年、雨の日になるとミミズをよく見かけた記憶があります。ということは、このことわざは正しいのでしょうか？　それを調べるために、ミミズの生態について書かれている資料をいくつか読んでみました。

　調べてみてわかったのは、ミミズが土の中にある有機物や小動物、微生物を食べていて、普段は土の中で生きているので、土から抜け出して地上に出てくるメリットはないということです。にもかかわらず、地上に出てくるのには、次のような理由が考えられます。

理由1. 窒息を防ぐため

　昔からもっともよく言われている説。雨が降ると、土の中に水が溜まっていきます。ミミズたちは、溺死する（おぼれ死ぬ）のを避けるために地上に出てくるという説です。ミミズは皮膚呼吸をしており、呼吸器がないので、水が溜まった土の中では息苦しくなります。しかしながら、ミミズのなかには何日も水の中で生きられるものもいるようです。実際、熱帯性のミミズのなかには、雨が降っても地上に出てこない種類もあります。

理由2. 雨の日が移動に適しているため

　晴れている日に、路上で干からびているミミズを見ることがあります。ミミズは体の中がほとんど水分でできているので、気温の上昇や乾燥に弱い生きものです。雨の日は湿度が高くて気温があまり上昇しないので、移動に適しています。また、雨で水浸しになることを交尾の合図と受け取り、交尾相手と出会う確率を上げていると主張する科学者もいます。ただし、これは大ミミズなど一部の種類に限られるようです。

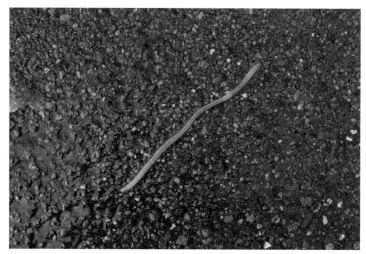

濡れた路面を移動するミミズ（Maleo / Shutterstock.com）

理由3．天敵であるモグラの振動と勘違いするから

　モグラはミミズにとって天敵です。そんなモグラの振動は、雨が地面にぶつかるときの振動と似ているという説です。しかしながら、雨の降り方によっても振動は異なるでしょうし、雨の振動は上からしか来ないのに対し、モグラはいろいろな方向から来る可能性がありますから、この説はちょっと疑問ですかね。

理由4．土の中にある二酸化炭素が多くなるため

　雨が降ると、土の中にある二酸化炭素が多くなり、それを嫌がったミミズが地上に出てくるという説。

　これらの他にも、寄生バエの幼虫に侵されたために徘徊する（目的もなく動き回る）など、いくつもの説がありますが、じつは、専門家のなかでも、ミミズが雨の日に土から出る理由については一致した見解がなく、きちんとした理由はわかっていないようです。「路上等に出現する

ミミズ類の季節的変動」という論文で著者の大野正彦さんは実験の結果、理由4の可能性があることを示しています。進化論で有名なダーウィンも、生涯の長い期間をかけてミミズを研究したと言われています。あなたもミミズを観察したら世紀の大発見ができるかも!?

確率 ★

　たしかに、雨が降ると、ミミズは地上に出てくるようです。ただし、それは雨が降ってからのことで、残念ながら雨を予測してではないようですね。ミミズが地上に出てきたときは、すでに傘が必要な状態と言えるでしょう。

参考文献

◎「生き物ネット」 https://ki-nokon.com/mimizu-amenohinidetekurunohanaze/
◎「みじんこブログ」 https://mijinko.hatenablog.jp/entry/20090528/1243513981
◎「なぜなに学習相談」 http://kids.gakken.co.jp/box/nazenani/pdf/01_doubutu/X1020052.pdf
◎「ミミズ大量出現の要因に関する研究」 https://gakusyu.shizuoka-c.ed.jp/science/sonota/ronnbunshu/062121.pdf
◎「なんでも研究室 ミミズあれこれ」 https://ss490886.stars.ne.jp/g/mimizu/mimizu02-04.htm

9

モズの高鳴き
75日

　モズという鳥をご存じですか？　スズメに似ていますが、もう少し大きい鳥で、縄張りを主張するときには、「キキキキキ」「キチキチキチ」と甲高く鋭い声で鳴きます。この鳴き声を高鳴きと言います。モズは秋から冬にかけて1羽ずつ縄張りを持ちます。9月頃になると、その縄張りを勝ち取るために激しい戦いをするので、高鳴きがあちこちで聞こえ

モズ（RAJU SONI / Shutterstock.com）

るようになります。「モズの高鳴き75日」は、その年の高鳴きが初めて聞こえた日から75日目に初霜が降りるということわざです。

　実際に、気象庁の観測データで、全国9か所のモズが初めて高鳴きした日の平年値と初霜の平年値とを比較しました。すると、西日本では70日から80日前後と、ことわざとの対応関係がいいものの、北日本や東日本では初鳴きから40～50日程度で初霜が降りていて、対応関係が悪いことがわかりました。

モズの初鳴きと初霜の関係 (気象庁観測データより)

	仙台	富山	水戸	熊谷	名古屋	京都	広島	福岡	宮崎
モズ初鳴き平年日	10月3日	9月20日	9月20日	9月28日	9月23日	10月2日	10月10日	9月21日	9月15日
初霜平年日	11月14日	11月25日	11月11日	11月19日	11月30日	11月24日	12月19日	12月13日	12月2日
初霜までの日数	42	66	53	53	69	54	71	83	78

確率　★★
（広島より西の地方は★★★）

　平年値で比較すると、広島市より西の地方ではことわざがよく当たる感じですね。他の地域では75日ではなく、地域ごとに分けて考えるとよいかもしれません。たとえば、関東地方では50日後、仙台市など東北南部では40日後など、地域ごとにきちんと調べてみると、新たな法則性が見つかるかもしれません。ただし、近年は地球温暖化の進行による気候変動の影響か、年によって初鳴きや初霜の時期の変動が大きく

なっています。生物もこの気候変動にはついていけないのかもしれませんね。私も今年から地元の長野県茅野市で観測していこうと思います。どんな結果が出るかは10年後のお楽しみ！

　このことわざは、「桜が咲き始めるとき寒の戻りで気温が下がると、花が下向きに咲く。そんなときは、春の大雪となることが多い」という意味です。

「サクラの後に雪が降るの？」と不思議に思う方がいるかもしれませんが、北日本や信越地方では、サクラの開花が早い年にときどき観測されます。関東から西の地方ではサクラの後の降雪は非常に少ないのですが、関東地方では、時折４月にも降雪があります。東京都心でも1961年以降10回、降雪を観測しています。

　サクラ開花後に雪が降るときの共通点は、地上付近に非常に冷たい空気が残った状態で、本州の南海上を発達しながら低気圧が通過することです。そのような条件になるのは、シベリア地方からやってくる冷たい高気圧が北から張り出す一方、西から低気圧が接近するときです。特に、関東地方では、高気圧からの冷たい北東の風が入って気温を下げます。低気圧が接近してくると北東風が北風に変わり、強まっていきます。すると、関東地方の内陸部に溜まった寒気が東京都心などの沿岸部に入り、気温をさらに下げて、季節はずれの雪となるのです。

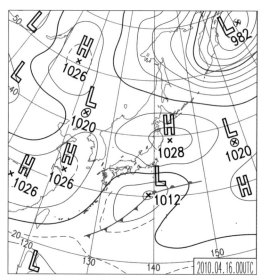

関東地方で4月に雪が降るときの天気図（気象庁提供）

　さすがに東京や横浜など関東南部で積雪となることは少ないのですが、1969年4月17日（木）は、横浜で4cm、東京で2cmと、関東南部でも積雪を観測し、これが観測史上もっとも遅い積雪の記録となっています。この年はサクラの開花が平年よりも遅れたため、関東地方ではサクラの花が残っているうえに積雪があり、珍しい記録となりました。このときは、河口湖38cm、軽井沢33cm、白河22cm、松本17cm、前橋9cmなど、甲信地方や関東北部で大雪になりました。

　また、桜が散った後の関東地方の降雪としては、2010年4月17日（土）に東京、横浜で観測され、これは1969年と並ぶ晩雪の記録です。このときも関東北部や東北南部、甲信地方で大雪となり、奥日光で32cm、軽井沢21cm、山形19cmなどの積雪を観測しました。ただし、このときはこれらの地域のサクラは開花していないので、サクラの後の大雪にはなりませんでした。やはりサクラが散った後の雪は珍しいのですね。

毎年のように、4月に雪が降る長野県茅野市

確率　★

　そもそもサクラの花が下を向くのはふつうのこと。桜の花は、細長い柄の先につきます。サクラは1つのつぼみから複数の花が咲くので、重くなり、重力に耐えられなくなって柄が垂れ下がるので、下向きに咲くのです。したがって、下向きに咲くから大雪になるというのは科学的根拠がありませんね。春に、思いがけない雪が降るのは、前日に気温がぐんと下がるときなので、そんなときは注意したいものです。

雲は何で落ちてこないの？

　雲は水蒸気が冷えて水滴や氷の粒になったもの（雲粒）で、ひとつの粒の大きさは半径0.001〜0.01mm程度です。髪の毛がおおよそ半径0.05mmくらいなので、その5分の1以下の大きさです。かなり小さいですよね。雲が大きく見えるのは、この粒が無数に集まってできているからです。

　さて、雲が落ちてこないのは、雲が発生しているのは、上昇気流という、空気が上向きに動いている場所だからです。雲粒は非常に小さく軽いので、雲粒が落下する速さは、1秒につき1cm程度ですが、上昇気流はそれより速いことも多く、下向きの力よりも上向きの力のほうが大きかったり、同じぐらいだったりするため、雲は浮かんでいられるのです。

雲は、水滴や氷の粒からできている

2章

空の
ことわざ

朝焼けは雨、
夕焼けは晴れ

　昔からよく言われることわざです。日本の上空は、夏を除いて偏西風^(※)という西風が吹いています。この西風に流されて、高気圧や低気圧は西から東へと進んでいくので、日本の天気は西から東に変化することが多くなります。

　朝焼けが見られるということは、太陽が昇ってくる東の空に雲が少ない状態です。また、朝焼けが美しくなるのは水蒸気が多いときです。低気圧や前線が近づいてくると、空気中の水蒸気が多くなるため、天気が崩れやすくなります。もうひとつ、朝焼けが美しくなるのは、雲が多いときです。雲が朝陽に照らされると赤く焼けます。特に、ひつじ雲（高積雲）やうろこ雲（巻積雲）が焼けると美しい朝焼けや夕焼けになりますが、これらの雲が多くなると、天気が崩れることが多くなります。

　夕焼けが見られるのは、西の空が晴れているときです。西の空が晴れ

※　偏西風とは、北半球と南半球のそれぞれ中緯度と高緯度の低緯度側を吹いている西風のこと。偏西風が特に強まるところをジェット気流と呼ぶ。偏西風は南北で温度差が大きいところで吹き、日本列島は高緯度側の冷たい空気と、低緯度側の暖かい空気がぶつかりやすいところなので、偏西風が上空を吹いていることが多い。

ているということは、その後も好天が続くということになります。

中央アルプスからの朝焼け

　夏や冬は、このことわざが通用しなくなります。夏は偏西風が日本の
ずっと北に移動して、日本上空の風が弱くなるためです。冬は、冬型と
呼ばれる気圧配置が多くなり、このときは北西風が吹くので、風上側の
北西側から天候が変化していくことが多くなります。

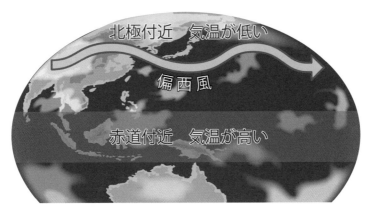

偏西風

★ ★ ★

　これまで述べてきたように、朝焼けが見られるときには天気が崩れ、夕焼けが見られるときは好天になることには根拠があります。したがって、当たることもけっこうあるのですが、はずれることもあります。春や秋でも、地形の影響で天気が変わるときは、山の位置や風向きなどによって、朝焼けでもお天気が崩れないケースもあります。

　ひつじ雲やうろこ雲が全天に広がるときは、雲底が真っ赤に染まるため、たいへん美しい朝焼けや夕焼けが期待できます。それらの雲がおぼろ雲（高層雲）に変わるときは天気が崩れることが多くなり、逆におぼろ雲からひつじ雲やうろこ雲に変わるときは天気が回復することが多くなります。また、山では天候の変化が早いので、美しい夕焼けが見られた翌朝に雨や雪が降ることもあります。私が12月に谷川連峰（群馬県・新潟県）を縦走したときも、夕焼けが美しく、夜の初めは星空が見えた

富士山の影が雲に投影される「逆さ影富士」。天候が崩れる兆し

のに、翌朝はみぞれが降っていました。

　このように、「朝焼けは雨、夕焼けは晴れ」と一概には言えないこともありますが、「美しい朝焼けは、その後の空の変化に注意」ということは言えそうですね。

2

風の弱い星夜は冷える

星にまつわる天気のことわざも多いですね。このことわざもそのひとつです。ことわざのなかで「風が弱い」「星の夜」という2つの天気の条件が示されています。風が弱いというのは文字通りの意味です。星の夜というのは、星がよく見える、晴れた夜のことです。それでは、風が弱く、晴れた夜は実際に冷えるのでしょうか?

地球は太陽からの光によって熱を受け取っています。その一方で、地球自身も宇宙に向かって熱を逃がしています。日中は、地球から出ていく熱よりも太陽から受け取る熱のほうが多いため、地面が暖められていきますが、夜間は太陽からの熱が入らなくなり、地球から出ていく熱の

晴れた日と曇りの日の冷え込みの違い

みになるので、地面付近の気温は下がっていきます。これを放射冷却と言います。このとき、雲が空を覆っていると、地面から逃げていく熱を雲が吸収して、周囲に放出するため、地面付近はあまり冷えません。雲が布団の役割を果たしてくれるのです。

　それに対して、雲が少ない場合は、地面からどんどん熱が逃げていくため、地表付近の気温は下がっていきます。

　都会では街の灯りや、工場や自動車などから排出される汚染物質によって星があまり見えませんが、空気が澄んだ山の中や都市から離れた田舎では、星がきれいに見えます。大都市の雨や雪が降らない日は、ヒートアイランド現象(※)によって、夜間から朝にかけての気温が郊外よりも高くなる傾向にあり、都市の規模が大きくなるほど、この傾向は顕著です。星の美しい場所は、都市から離れた山中であることが多く、夜間の気温は都市に比べて低いことも、このことわざに信憑性を与えています。

　山の上で空を見上げると、「宇宙には、こんなにたくさんの星があったのか」と驚かされます。「天の川」が文字通り、星が連なる川のように流れ、明るい星は色の違いも見分けられます。学校で習った恒星の表面温度による色の違いが実感できるのです！　なかでもヒマラヤで見た星空は忘れられません。「星に色がついている！」と思わず叫んでしまいました（笑）。

※　都市部で、人間活動による熱の排出によって、郊外より暖まる現象。周囲の気温が低い場所に比べ、都心部ほど気温が高くなるので、気温が同じところを線で結ぶと、まるで島のように見えることから「ヒートアイランド」と呼ばれている。

キリマンジャロで見た星空

　もうひとつの条件、「風が弱い」について見ていきましょう。風が弱いと、地面付近に溜まった冷たい空気が動かず、そのまま居座りつづけます。そのため、地表面では気温が下がります。逆に、風が強いと、地表付近の冷たい空気と上空の暖かい空気がかき混ぜられるため、冷え込みが強まりません。

　ここまで見てきたように、風が弱く、星が見られる夜に冷え込みが強まるのは、科学的にも根拠がありそうですね。この条件は、霜が降りる条件とも合致します。春や秋の季節、風が弱い星夜の翌朝は、遅霜や早霜などの被害に注意が必要です。

3

太陽や月が暈をかぶると雨

太陽や月の周りに暈（英名：ハロ）と呼ばれる、虹色の輪ができることがあります。

太陽の周りに出現した暈

昔から、この現象が見られると、天気が崩れると言われてきました。

暈という現象は、ミルク色をした薄い雲が太陽の周囲に広がるときによ

く現れます。この雲は、巻層雲、あるいは薄雲と言い、上空7000m以上に浮かんでいます。雲を構成する水滴は、氷点下になってもなかなか凍りません。マイナス5℃前後の雲だと、ほぼ100％が水滴の雲です。マイナス20℃前後の雲で水滴と氷の粒（氷晶）が50％ずつ、マイナス40℃でようやく氷の粒が100％の雲になります。薄雲はマイナス40℃以下の場所でできるため、ほぼ100％氷の粒でできています。

量は、雲を構成している氷の粒を太陽の光が通るときに、光が氷の粒で屈折することによってできます。この粒が六角形で、なおかつ結晶がいろいろな方向を向いているときにしか暈はできません。色が分かれて見られるのは、プリズムの原理と同じです。太陽の光が氷の結晶に入ったときに、色によって光の屈折の仕方が違うからです。

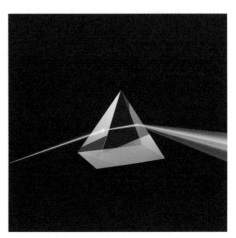

プリズムによって光が分かれる（イメージマート提供）

薄雲が広がるのは、高気圧が通り過ぎたときです。高気圧の中心付近では下降気流が起きるため、雲ができにくく、お天気がよくなりますが、高気圧が通り過ぎると、上空の高いところで上昇気流が起き、湿った空気も入りやすくなるので、薄雲ができます。その後、低気圧や前線が接近してくるときは、天気が崩れていきますが、別の高気圧が西からやってくるときは、再び晴れていきます。したがって、暈が出ていて、西側に低気圧や前線があるときは、天気が崩れる可能性が高く、西側に高気圧があるときは、崩れる可能性は低いということになります。

薄雲からおぼろ雲に変わっていくときの空

確率　★ ★ ★

　先述のように、天気図から高気圧や低気圧の位置を調べて判断する方法の他に、雲の広がり方から天気の崩れを予想する方法もあります。この薄雲が西の空から全天を覆っていき、その後、高層雲（おぼろ雲）に変わるときは、天気が崩れる確率が高くなります。一方、東側や南側、北側の空に薄雲が広がるだけなら、天気が崩れる可能性は低くなります。

　東や南の空に薄雲が広がっているとき、つまり、昼過ぎまでに暈が見られるときは、全天に薄雲が広がっているときを除き、天気の崩れとあまり関係ない場合が多く、夕方近くに西の空で暈が見られるときは、天気が崩れることが多くなります。

4 飛行機雲が 消えないときは 天気が下り坂

空を見上げていると、時折、飛行機が飛んでいきます。そのとき、飛行機から白い筋のような雲が延びていくことがあります。この雲を飛行機雲と言います。今回のことわざは、この飛行機雲に関するものです。

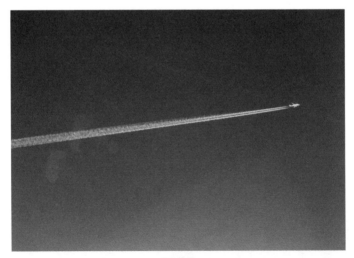

飛行機雲

飛行機雲が発生する理由は主に2つあります。ひとつは飛行機の排ガ

スによるものです。飛行機からは排ガスと一緒に水蒸気が出てきます。この水蒸気が外気によって急激に冷やされると（飛行機が飛んでいる高さの気温は非常に低いので）、排ガスに含まれる小さな粒子を核として氷の粒ができ、これが飛行機雲になります。

　もうひとつは、つばさの上下で気圧差が生まれることによって、つばさの周辺で渦ができ、渦の中心部で気圧が下がることによってできる雲です。気圧が下がると、空気は膨張して温度が下がります。すると、水蒸気が冷やされて氷の粒になっていきます。

　飛行機雲は、ひとつの筋でできているものと、2つ以上の筋が並んでいるものがあります。次の図は、2つの筋が並んでいるものです。これは、エンジンが2つある双発機だからです。エンジンが4つあると、4つの筋が並びます。私は、飛行機雲を見ながら「どんなタイプの飛行機が飛んでいるのかな」と想像を膨らませるのが好きです。

飛行機がつくる渦の中で温度が下がって雲ができる

エンジンから出た水蒸気が冷やされて雲になる

飛行機雲ができる仕組み

　さて、飛行機雲はすぐに消えてしまうときと、長く残るときがあります。飛行機雲は気温がマイナス30℃以下にならないと、なかなかできません。マイナス30℃以下というと、日本付近では冬は高度5000 m以上、夏は9000 m以上という高さです。その高さの空気が湿っていると、飛行機雲はなかなか消えません。逆に乾いていると、すぐに蒸発して消えていきます。

　ちなみに、飛行機雲が長く残るとき、次第に変形して面白い形になる

ことがあります。また、飛行機の雲の影が見えるときもあります。

飛行機雲が変形した雲

　私は、飛行機雲が残るようなときは、その後の雲の変化を楽しみます。なかにはインスタ映えするような雲が見られることもありますよ。

飛行機雲の影と暈（ハロ）

確率　★ ★ ★

　飛行機雲が残るのは、上空の高いところに湿った空気が入ってくるときです。この湿った空気が低気圧や前線、台風の接近によるものである場合には、天気は崩れていきますが、それ以外の場合は天気の崩れと無関係のことが多くなります。したがって、天気が崩れる確率は50〜60％程度でしょうか。

5

朝虹は雨、 夕虹は晴れ

　大空に大きな七色の橋を架ける虹。思いがけず出会うと何とも幸せな気持ちになりますよね。さて、この虹に関わることわざがあります。朝に虹が現れるとその後は雨になり、夕方に現れると翌日は晴れるというものです。

幸せな気分にしてくれる虹

　虹は、太陽の光が水滴（多くは雨粒）に反射、屈折する現象で、色によって光の曲がり方が違うために、色が七色に分かれて見えることになります。プリズムという、ガラスなどでつくられた三角柱に太陽の光をあてると、光の色が分かれて見えるのと同じ原理です。

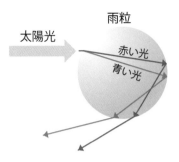

太陽の光が雨粒にあたると、色によって光の曲がり方が変わる

　虹は雨あがりに見られることが多いですよね。それはなぜでしょうか？　虹は太陽を背にして前方で雨が降っているときに見られます。

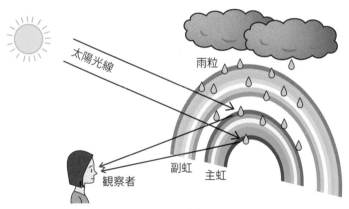

虹が見られる仕組み

　先ほどの写真では手前側に太陽があり、奥のほうで雨が降っています。この原理を当てはめると、朝に虹が現れるということは、太陽は東の方角から射すので、私たちがいる位置より西側で雨が降っていることになります。また、夕方に虹が現れるときは、太陽が西の方角から射すので、東側で雨が降っているということになります。「朝焼けは雨」（42ページ）で説明したように、夏を除いて、日本の上空には偏西風という西風が吹

いており、この風に乗って、雨雲は西から東へ動いていくことが多くなります。つまり、朝虹の場合は、西側に雨雲があるのでこれから雨が降る可能性が高く、夕虹の場合には、東側に雨雲があり、西側が晴れているので、天気が回復していく可能性が高い、ということになりますね。

確率　★★★★

　これまで述べてきたように、朝虹が出るとその後に雨が降り、夕虹は雨上がりに見られることが多くなるということで、このことわざの確率は高いと考えられます。ただし、夏など上空の風が弱いときには雨雲が西からやってこないことも多く、精度が下がります。

　ちなみに、筆者の住んでいる茅野市では、初夏から夏の午後、夕立が降ることがたびたびあり、そんなときは雨雲が東に抜けた後、虹がよく見られます。

　ところで、虹は簡単につくることができます。霧吹きやホースで水を空に吹きかけてみましょう。そのとき、太陽を背にして立つようにすると虹が見られます。ぜひつくってみましょう！　ついでにお庭の水やりをすれば、家族に褒められるかもしれません。

6

雷が鳴れば
梅雨が明ける

　雷にまつわることわざも数多くあります。私が子どもの頃は梅雨と言えば、「梅雨寒」という言葉があるように、じめっとした肌寒い日が多く、シトシトとした雨や霧雨が多かった気がします。それが最近は蒸し暑い日が多くなり、非常に激しい雨が降ることがあれば、しばらく雨が降らずに真夏のような暑さの日が続くこともあるなど、昔の梅雨のイメージとはだいぶ変わってきました。それでも「梅雨末期の大雨」という言葉は今でも使われます。

　6月上旬から7月20日頃（沖縄では5月中旬から6月中旬頃）にかけて、梅雨前線が日本付近に停滞することによって雨や曇りの日が多くなります。この季節を梅雨と言います。梅雨という言葉は、カビ

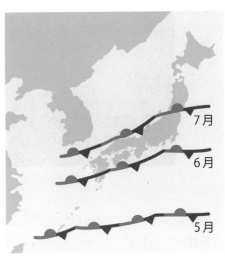

梅雨前線の動き

が生えやすい時期の雨という意味で、中国で使われていた「黴雨」が梅雨になったという説と、梅の熟す頃の雨という意味から梅雨と呼ばれるようになったという説があります。

　梅雨をもたらす梅雨前線は、太平洋高気圧という、日本に夏をもたらす暑い高気圧と、春の涼しい空気とがぶつかり合うところで発生します。7月になると、太平洋高気圧が強まって梅雨前線を日本付近に押し上げるために、前線に向かって南や西から暖かく湿った空気が入り、大雨になることもあります。

　この大雨をもたらす雲は積乱雲（雷雲）と呼ばれる雲で、夏によく見られる、カリフラワーのような雲です。雲が"やる気"を出したときにできる雲で、激しい雨や雷を発生させます。

落雷や大雨をもたらす積乱雲

　積乱雲は前線付近や前線の南側で発生することが多く、梅雨明け前には前線が日本列島付近やその少し北側に位置するため、日本付近で積乱雲が発生しやすくなります。梅雨末期に毎年のように大雨災害が発生す

るのもそのためです。

　特に、暖かく湿った空気が入りやすい西日本や日本海側で、大雨による災害が発生することが多くなります。2022年は、私の故郷の新潟県下越地方や山形県で8月上旬に記録的な大雨となり、村上市にある従姉妹の家や店が浸水したため、帰郷して3日間、片付けを手伝いました。2022年は北陸地方や東北地方で梅雨明けが特定できず、8月になってからの大雨になりました。

　通常、梅雨が明けると太平洋高気圧に覆われて晴れる日が多くなるのですが、梅雨明けが特定できない年は、好天が続かないことを示しています。梅雨明けが特定できなかったのは、東北北部では2020年以来、東北南部では2017年以来、北陸地方では2009年以来のことです。1980年代までは梅雨明けが特定できない年はなかったので、最近は梅雨明けの時期が年によって大きく変化し、8月になってからも天候が安定しない年が増えてきています。

確率 ★★★

　これまで述べたように、梅雨末期になると雷を伴って非常に激しい雨が降ることが多くなります。そういう意味では、このことわざはある程度、信頼性がありますが、梅雨の時期は、梅雨前線とは別に、寒冷低気圧と呼ばれる、上空に寒気を伴った低気圧が発生して雷が鳴ることがあります。この低気圧は、梅雨の前半に発生することが多いので、雷が発生したからといって、必ずしも梅雨が明けるとは限りません。やはり天気図で梅雨前線の動きや太平洋高気圧の勢力を見ていくことが大切ですね。

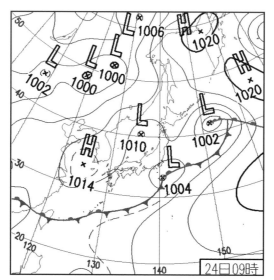

寒冷低気圧は前線を持たない小さな低気圧(この図では日本海にあるLという記号)。
この低気圧の南東側で雲がやる気を出しやすい(気象庁提供)

朝霧は晴れ

　天気に関することわざは、朝焼け、朝虹、朝霧など、朝に関する現象が多いですね。天気予報がなかった時代、朝の空を見て、その日一日の天候を判断していたのでしょう。私たちがことわざの由来を考えてみることで、その時代に想いを馳せることができるかもしれません。

朝霧

さて、このことわざは、朝に発生する霧は、その日の晴れを約束するというものです。霧には放射霧、移流霧（いりゅうぎり）、蒸気（混合）霧、前線霧、上昇（滑昇）霧の5つの種類がありますが、朝霧のほとんどは放射霧です。放射霧とは、水蒸気が地面付近に多く存在するときに、夜間の冷え込みで水蒸気が冷やされて霧になったもので、雨が降った日の翌朝によく見られます。次の図は、放射霧ができる仕組みです。

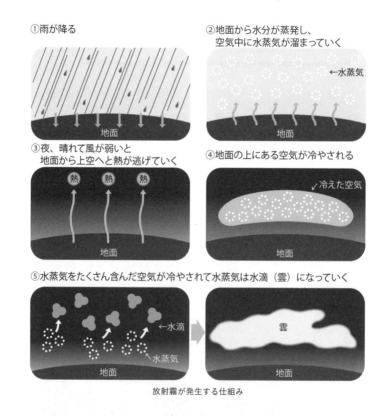

①雨が降る
②地面から水分が蒸発し、空気中に水蒸気が溜まっていく
←水蒸気
地面

③夜、晴れて風が弱いと地面から上空へと熱が逃げていく
熱　熱　熱
④地面の上にある空気が冷やされる
↙冷えた空気
地面

⑤水蒸気をたくさん含んだ空気が冷やされて水蒸気は水滴（雲）になっていく
←水滴
←水蒸気
地面
雲
地面

放射霧が発生する仕組み

　朝霧ができるためには、水蒸気が地面から供給されることと、夜間に冷え込むことが必要です。夜間に冷え込むのは「風のない星夜」（46ページ）ということになります。秋から冬にかけての盆地で朝霧が発生しやすいのは、これらの条件が揃いやすいからです。同じようなことわざで

「朝露が降りると晴れ」というものがあります。秋の冷え込んだ朝に露が降りることがありますが、霧と同様に、朝露も冷え込んだ雲の少ない日に降りることが多いからでしょう。

上空から見た、松本盆地を覆う朝霧

確率 ★★★

これまで述べてきたように、朝霧が放射霧であるときは日中、日射によって暖められると霧が蒸発して消えて晴れていくので、このことわざは当たり！　ということになります。しかし、朝から発生する霧が前線による霧（前線霧）の場合には悪天になりますし、夏に北日本の太平洋沿岸で発生する霧は、移流霧と呼ばれる海霧で、終日晴れることがありません。風がなく、冷え込んだ朝で、上空を見上げたときに太陽が透けて見えたり、明るかったりするときは、日中晴れることが多くなります。この場合、晴れる確率はかなり高いでしょう。

星が瞬くと雨

　冬は、オリオン座やおおぐま座のシリウスなどの明るい恒星が数多く夜空に輝き、一年でもっとも星空が美しい季節です。残念ながら日本海側の地域では雨や雪の日が多く、見られる日が少ないのですが、それでも久しぶりに晴れた夜、星空を見ると心がときめきます。子どもの頃に宇宙を旅することを夢見た気持ちが蘇ってくるからかもしれません。

冬の星空

　灯りがなかった古い時代は、星空を見上げる機会が多かったでしょう。北極星などは旅の道しるべとして使われたりもしました。天気においても星に関することわざはたくさんあります。「星が瞬くと雨」ということわざも、昔の人の経験から生み出されたものなのでしょう。

　さて、現代人の私は、そのことわざの意味を少し科学的に解明してみたいと思います。まず、星がどんなときに瞬くのか、から始めましょう。じつは、星は明るさを変えて瞬いているのではなく、地球の空気（実際は"空"ではないので大気といいます）の中で"あること"が起きることにより瞬いて見えるのです。"あること"とは、密度が異なる空気が接するところで光が屈折（折れ曲がる）ことです。密度は温度によって変化します。冷たい空気と暖かい空気では密度が異なるので、暖かい空気と冷たい空気が接するところで光が屈折し、星の光が揺らいで、私たちの目には瞬いて見えるのです。このような条件になるのは、上空の大気が不安定であったり、前線ができたりするときなので、天気が崩れることが多くなります。また、風が吹くときにも空気の密度が時間的に変化して、星が瞬くことがあります。

　こうして書いていくと、ロマンがないですね。謎は謎のまま、星の瞬きから雨の匂いを感じるような人間になりたい気もします。

　科学的にもある程度、信頼できることわざと言えそうです。しかしながら、風が吹くときにも晴れることがありますし、都会では星が瞬くのは、ビルなどから出る熱による上昇気流が原因のこともあります。すべてが雨に結びつくわけではなさそうですね。

9

鯖雲は雨

　鯖雲（さばぐも）というのは、文字通り、鯖のうろこのような形をした雲で、上空 8 〜 12km くらいのところにできる雲です。うろこ雲とも呼ばれており、国際的な雲の分類では巻積雲（けんせきうん）に該当します。

鯖雲

　この雲、何かの形に似ていると思いませんか？　そう、お味噌汁の表面の模様です。温めたお味噌汁を冷ますと、まだら模様ができます。これは、お味噌汁の表面が冷たい空気に触れることで急速に冷やされていくのに対し、底のほうは温かいままなので、上下で温度差が大きくなることによってできる模様です。

お味噌汁にできる模様

　水は冷たいほど重くなり、温かいほど軽くなるので、本来なら下のほうに冷たいお湯が、上のほうに温かいお湯がある状態がお湯にとっては"ストレスのない状態"です。しかしながら、表面が冷めてきたお味噌汁は逆の状態になっているため、上のほうにある冷たいお湯は下に沈もうとし、下のほうにある温かいお湯は上に上がろうとします。

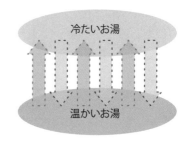

冷めたお湯と温かいお湯の動き

温かいお湯が上昇するところでお味噌汁の味噌が浮き上がり、冷たいお湯が下降するところでは味噌が沈んで、前ページの写真のようなまだら模様になるのです。

　うろこ雲もこれと同じ原理で発生します。上のほうに冷たい空気が入り、下のほうに暖かい空気が入るような状況ができると、冷たい空気は下降し、暖かい空気は上昇します。そして、暖かい空気が上昇するところでは上昇気流によって雲ができ、その隣の冷たい空気が下降するところでは雲が消えるため、魚のうろこのような雲ができるのです。うろこ雲は暖かい空気と冷たい空気が接するような場所に、湿った空気が入るときに発生します。これらの条件が揃うのは、上空に前線があったり、ジェット気流と呼ばれる上空の強風帯があったりするところです。前線やジェット気流は地上の天気図では現れません。雲が浮かんでいる高さの上空9000 m付近（300 hPa）など高いところの天気図を見ると、その存在がわかります。

　上空の前線やジェット気流が蛇行して低気圧が発生するようなときは、天気が崩れることが多くなります。そのようなとき、「朝焼けは雨、夕焼けは晴れ」(42ページ)のところで説明したように、鯖雲がおぼろ雲（高層雲）に変わっていきます。天候が悪化するサインです。一方で、ジェット気流が蛇行せずに、低気圧や地上付近の前線が発生しないようなときは、天気に影響はなく、美しい鯖雲をのんびりと眺めることができます。秋の空に見られることが多いのは、秋は上空に水蒸気が多いことや、ジェット気流が日本付近に居座ることが多いためです。

　出かけるために朝、玄関の扉を開けると、生暖かい空気を感じることがあります。「モワッ」という感覚です。私は蓼科（長野県茅野市）にいるときには毎朝、散歩をします。自然環境に恵まれたこの地で、四季折々の自然を楽しみながら、森の中を歩いたり、空を眺めて前日に自分が発表した予想の答え合わせをしたり、雲や風と対話したり……と貴重な時間を過ごしています。八ヶ岳山麓の標高900ｍにあるので、晴れた日の朝は放射冷却（20ページ）によりキリっと冷たい空気が気持ちいいのですが、たまに蓼科らしくない、生暖かい朝の日があります。だいたいそんな日は天気が崩れていくことが多いものです。

　朝から暖かい日はたいてい、南風が吹いています（日本海側では東～南東風のことも多い）。それは暖かい空気が日本の場合、南側にあるので、南からの暖かい空気が風によって運ばれてくるからです。171ページで説明するように、高気圧が通り過ぎると、南寄りの風や東風になることが多く、東風の場合にはそれほど暖かく感じませんが、南風の場合は暖かく感じることが多くなります。また、上空に雲が広がると、地面から逃げていく熱を雲が捕まえて周囲を暖めるため、冷え込みが弱まります。

生暖かい朝の自宅から見上げた空

雲が布団の役割を果たしてくれるからです。朝から雲に覆われている日は冷え込みが弱く、その後、天気が崩れていくことが多くなります。

　また、生暖かいと感じるのは、気温が高いだけでなく、湿度も高いからです。湿度が高いということは、湿った空気が入ってきている証拠。やはり天気が崩れていくことが多くなります。

確率 ★★★★

　これまで述べてきたように、早朝から暖かい日は天気が崩れていく可能性が高くなります。山から山を歩いていく"縦走"というタイプの登山があります。朝、ご来光を見に外へ出たときに、天気がいいのに生暖かいと感じる日は天気が崩れていくことが多く、私も雲の様子や風の変

化に注意しながら歩いていきます。私たちの五感が天気の予想にも役立つことがあります。ただし、日本海側では南風になると、フェーン現象で風が山を吹き下ろして乾燥していくので、天気が崩れるまでに少し時間がかかることがあります。

気圧って何？

　天気予報でよく、「高気圧」とか「低気圧」などの「気圧」という言葉を聞きますね。でも「気圧」って何なのかいまひとつわからないという方もいるでしょう。気圧は空気（正確には大気）の圧力のことですが、空気は目に見えないのでイメージしにくいと思います。

一番、重さがかからない

一番下にいる人は、上にいる人の体重をぜんぶ受け止めてる（重い！圧が強い！）

気圧とは空気にかかる重さのこと

　じつは、空気には重さがあり、大人の手のひらの大きさに約100kgの力がかかっています。空気の上には空気があるので、その重さが下の空気にかかってきます。その重さのことを気圧と言います。

　地上付近の空気は、その上にあるすべての空気の重さが加わるので、窮屈な思いをしてします。つまり、上からギュウギュウに押されているので、地上付近では気圧が大きくなります。一方、高いところの空気は、その上の空気が少なくなる分、地上より空気の受ける重さが減ります。つまり、気圧は小さくなります。気圧は「小さい」「大きい」と言わず、「高い」「低い」と言います。また、

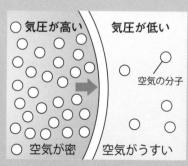

◯ 気圧が高い　　気圧が低い

空気の分子

◯ 空気が密　　空気がうすい

空気が濃いところと薄いところ

空気が「薄い」「濃い」という言い方をすることがあります。空気がビッシリ詰まっているようなところでは空気にかかる圧力が大きくなり、気圧が高くなります。一方、空気が薄いところでは、空気にかかる圧力は小さくなります。空気が濃いところを気圧が高い、空気が薄いところを気圧が低いといいます。山の高いところに行くほど空気が薄くなるのは、気圧が低いからです。

　周囲より気圧が高いところを高気圧、低いところを低気圧といいます。空気は温度が高くなると膨張するので、気圧が低くなり、温度が低くなると縮こまって気圧が高くなります。空気は温度や密度によって、高くなったり、低くなったりします。地球上には温度が高いところと低いところがあり、高気圧や低気圧ができるのです。

　空気の重さをイメージしにくい方は、気圧とは、空気が周囲の空気によって押される力だと思ってください。空気が押される力が強いことを「気圧が高い」、空気が押される力が弱いことを「気圧が低い」、と言います。つまり、周りから強く押されてギュウギュウに詰まった空気が気圧の高い空気、周りからあまり押されていなくて、ラクチン状態の空気が気圧の低い空気、ということになります。

　ポテトチップスの袋を高いところに持っていくと、プクッと膨らみます。これは、地上よりも高いところのほうが気圧が低くなる（つまり、周りから押す力が弱くなる）からです。地上に降りると、ぺちゃんこになるのは、周囲から押す空気の力が強くなるからです。

山の上ではポテトチップスの袋が膨らむ

3章

昔から
伝えられてきた
ことわざ

1

暑さ寒さも
彼岸まで

　お彼岸は仏教の言葉で、現実世界である此岸に対して、死後の世界を意味しますが、ここでは仏教的な意味合いではなく、雑節のひとつである彼岸についてお話しします。

　彼岸は1年に2回、昼間の時間と夜の時間がほぼ同じになる時期のことを言います。昼と夜の長さが同じになる日を春分、秋分と言い、それを中日として前後3日ずつ、合わせて7日間のことです。このことわざは、春のお彼岸を境にして寒さが終わることが多く、秋のお彼岸を過ぎると、さしもの残暑も終わって涼しくなるという意味です。

　最高気温が30℃を超える日を真夏日といいます。かつては、東日本から西日本では秋分の日を過ぎると、真夏日はほぼ出現しませんでした。そういう意味では、このことわざは当たっています。しかしながら、温暖化や都市のヒートアイランド現象が進んだ現在は、仙台市など東北地方ではこのことわざが当てはまるものの、関東地方から西の地方では、10月上旬でも真夏日になることが珍しくなくなっています。

　一方、春分の日はどうでしょう。年によって大きくバラツキがあるものの、1980年代中頃までは、東京など関東地方の平野部でも彼岸頃まで雪が降る年がけっこうあり、西日本でも冬型の気圧配置になって、時ならぬ雪が降ることがありました。そして、彼岸が過ぎると雪が降る日は激減することから、温暖化が進むまではこのことわざもけっこう、実際の感覚に即したものだったようです。

　さて、地球は太陽からの光によって暖められています。太陽高度が高くなるほど、地面を暖める効果は大きくなるので、朝夕よりも昼間のほうが地面は暖められます。太陽高度がやや低くなる14〜15時に、1日の最高気温を観測することが多いのは、空気は地面よりも暖まるのに時間がかかるからです。そう考えると、春分と秋分では太陽の高度が同じで、昼間の時間もまったく同じですから、同じくらいの気温であるように思えます。そこで、各都市の春分と秋分の日の平均気温を調べてみました。

東京、仙台、福岡の春分、秋分の日の気温（1991〜2020年までの30年間）

	春分の日の平均気温	秋分の日の平均気温
東京	10.1℃	21.7℃
仙台	6.2℃	19.7℃
福岡	11.5℃	23.5℃

　なんと、各都市ともに秋分の日は、春分の日よりも10℃以上高くなっています。なぜ、これほどの差があるのでしょうか？　それは、もっとも寒い時期、暑い時期からの日数を調べるとわかります。日本の大部分では、1月下旬から2月上旬がもっとも寒い時期です。春分の日は、それから1か月半ほどしか経過していません。それに対して、もっとも暑い季節は8月上旬頃になります。秋分の日はそれから1か月半ほどしか

経過していません。もっとも暑い時期に近い秋分の日が、もっとも寒い時期に近い春分の日よりもずっと気温が高いのはそのような理由からです。

　一年でもっとも正午の太陽高度が低くなり、昼間の時間が短い日を冬至と言います。逆にもっとも正午の太陽高度が高く、昼間の時間が長い日を夏至と言います。

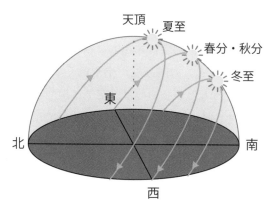

季節によって太陽の高度が変わる

　1年でもっとも寒い時期が冬至から1か月以上遅れるのは、日本列島が海に囲まれているからです。太陽高度が低くなり、昼間の時間が短くなると、地面から宇宙へ逃げていく熱のほうが太陽から入ってくる熱より多くなるので、地面は冷やされていきます。それに対して、海は冷めるのにも温まるのにも時間がかかるため、海に囲まれた日本列島では、空気が冷えるのに時間がかかるのです。特に海に近い沿岸部ほどその傾向が強くなります。

　逆に、夏は温まるのに時間がかかるため、夏至よりも遅れて暑い時期がやってきます。それと、夏至の時期が梅雨にあたるため、日が射す時間が少なく、気温が上がらないことも一因です。

確率

★ ★ ★（関東から西の地方）
〜 ★ ★ ★ ★（北日本、北陸地方、長野県）

　このことわざは、昔の人たちの気象に対する感覚の鋭さを表している気がします。私が関東地方に住んでいた中学生の頃、春のお彼岸の頃に大雪が降ることがたびたびありました。それでもお彼岸を過ぎると、春のような暖かさがやってくることが多かった気がします。また、新潟にいた頃はお盆を過ぎると、朝晩はぐっと涼しくなった記憶があります。最近、関東から西の地方はお盆を過ぎてもなかなか暑さがおさまらないようですが、信州に移った今は、お盆を過ぎると朝晩、涼しい風が入ってくることを実感しています。温暖化が進行するとともに、このことわざが当てはまる地域は北へ、あるいは標高の高い場所へと移動していくのかもしれませんね。

3

昔から伝えられてきたことわざ

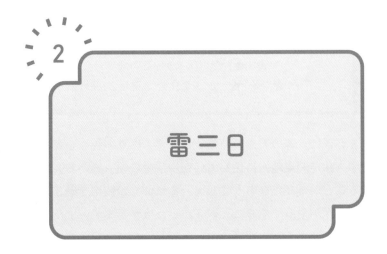

雷三日

雷三日とは、雷がいったん鳴ると、3日間続くということわざです。
雷をもたらすのは、積乱雲と呼ばれる、入道雲が発達した雲です。夏の
午後、ソフトクリームやカリフラワーのような白い雲がモクモクと"や
る気"を出していくのを見たことがある人は多いでしょう。

"もっともやる気"を出した雲、積乱雲

　この雲は、大気が不安定なときにできます。大気が不安定というのは、地上付近と上空の高いところで温度差が大きいときや、地面付近に暖かく湿った空気が入ってくることを言います。これらの条件のとき、雲はやる気を出して、上方へモクモクと成長していくのです。お天気キャスターから「大気が不安定」「上空に寒気」「暖かく湿った空気」といった言葉が出たときは要注意です。

　さて、雷にはいくつか種類があります。主なものは、熱雷と界雷、熱界雷です。熱雷は、夏の日中など地上付近が日射で暖められて上空との気温差が大きくなり、大気が不安定になったときに発生する雷。界雷は、寒冷前線や停滞前線など前線による上昇気流で発生する雷、熱界雷は、熱雷と界雷両方の性質を持つ雷です。雷3日は、上空に寒気が入ってくると、3日間ぐらい、日本列島に居座ることが多く、大気が不安定な状態が続くというものです。実際にそのようなことは多く、昔の人は空をよく観察していたんだなぁ、と感心させられます。雷をもたらす積乱雲は、落雷だけでなく、強い雨や雹などをもたらすことがあります。皆さんも雷が鳴ったときは、3日間ぐらいは農作物の管理などに注意したほうがいいですね。

　なお、雷が鳴っているときは、高い木の幹から4m以上、枝や葉先からも最低2m以上離れるようにしましょう。高い木は雷が落ちやすく、人間は電気を通しやすいので、木のそばにいると、木に落ちた雷が人間に伝わってくるからです。また、木や電柱、鉄塔などの高いもののてっぺんを45度以上で見上げ

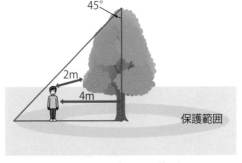

雷が鳴っているときは高い木から離れましょう

る範囲のなかを保護範囲と呼び、そこは落雷のリスクが少ない場所です。

確率 ★★★

　雷の原因が上空に寒気が流れ込んでいることによる場合は、2〜3日大気が不安定になるので、雷が発生しやすい状況です。お天気キャスターが「上空に寒気が入っている」と言ったときは、2〜3日、雷雲の発達に注意しましょう。そのようなときは、★★★★でもいいのですが、前線による雷の場合には、前線が通過するときだけ雷が発生するため、このことわざは当てはまりません。その場合は★になります。

3

高山に早く
雪ある年は
大雪（寒冬）なし

　高山とは、飛騨高山のことではなく、高い山という意味です。そんなことわかっているって？　たいへん失礼しました。このことわざは、高い山に早く雪が降る年は、里で大雪（寒冬）になることはない、むしろ暖冬（少雪）になるという意味です。主に、日本海側の地域で使われていることわざです。日本海側では、冬型の気圧配置が多く現れるような寒い冬に雪が多くなります。冬型の気圧配置になると、シベリアから北西の冷たい季節風が吹くため、日本付近は寒くなります。この季節風が

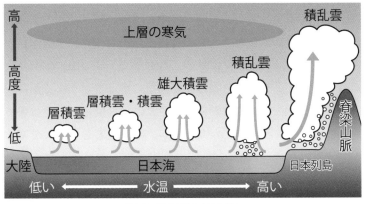

日本海で雪雲が発生する仕組み

日本海を渡る間に、水蒸気と熱の補給を受けて雪雲が発生し、日本海側の地域に雪をもたらします。逆に、冬型の気圧配置が続かない年は、日本海側の雪は少なくなり、全国的に暖冬になります。

大雪に見舞われた新潟県妙高市

　日本列島の夏の暑さや、冬の寒さに影響を与えるもののひとつに、エルニーニョ現象とラニーニャ現象というものがあります。詳しい解説は紙面の関係で省略しますが、エルニーニョ現象が現れる年は、日本では暖冬・冷夏になることが多く、ラニーニャ現象の年は、寒冬・猛暑になることが多いとされています。そのため、エルニーニョ現象が夏から冬にかけて続く年は、夏は冷夏で秋の訪れも早く、高い山には例年より早く雪が降りますが、冬は暖冬なるので、里の雪は少なくなる傾向があります。逆に、ラニーニャ現象が夏から冬にかけて続けば、夏は暑く、残暑が残るため冬の訪れが遅くなりますが、冬になると一転して寒くなることが多くなります。「霜が遅い年は雪が早い」や「夏が暑い年は冬が寒くなる」ということわざは後者の年に当てはまります。

　また、北極から冷たい空気が流れ込むことが多いと、日本付近は寒くなり、流れ込むことが少ないと暖かくなります。最近、偏西風の蛇行という言葉をよく耳にします。偏西風とは、日本など中緯度地方を吹いている西風のことで、この西風が蛇行することによって冷たい空気が南に運ばれたり、暖かい空気が北へ運ばれたりします。

偏西風の蛇行によって熱が輸送される

　偏西風の蛇行が日本付近で北極からの冷たい空気が流れ込みやすい位置になると、かつてはそれが2〜3か月続くことが多く、その間は気温が下がったものでした。その後で2〜3か月ほど、冷たい空気が入りにくい時期が続き、気温が上がることが多かったのです。したがって、秋の時期に冷たい空気が入る年は、高い山では雪が早く降り始めますが、冬になると寒気が入りにくくなり、暖冬になることが多かったのです。しかしながら、近年は、偏西風の蛇行が大きく、激しくなり、北極からの寒気が入るときは気温が下がる一方で、寒気が抜けると、温暖化の影響で地上付近の気温が上昇しやすくなっていることもあり、極端な高温が続くことが多くなっています。このため、寒暖の変動が短い期間で起こりやすくなり、2〜3週間単位で北極からの寒気が流れ込みやすい時期とそうでない時期が変化するような年が増えてきています。

| 確率 | ★
（30年前までは★★★） |

　このように、このことわざは30年ほど前まではけっこう当たってい
たのですが、近年は地球温暖化の進行とともに、偏西風の蛇行が大きく
なり、北極から冷たい空気が流れ込みやすい時期とそうでない時期との
周期が短くなる傾向にあります。そのため、秋の時期に気温が低いと冬
は暖冬になるとは言えなくなってきています。最近ではあまり使えなく
なっていることわざと言えるでしょう。

4

櫛が通りにくい
ときは雨

昔から伝えられてきたことわざ

　髪の毛は、空気中の湿度によって長さや太さが変わります。それは、毛髪湿度計という、髪の毛を利用した湿度計が使われていることでもわかります。一般に、髪の毛は湿度が高くなるほど伸びて、低くなるほど縮む傾向があります。櫛が通りにくくなるのは、髪の毛が空気中の水分を吸うと、伸びてうねるからだそうです。

毛髪自記湿度計
（気象庁札幌管区気象台ホームページ）

　残念ながら、筆者は25年以上にわたりド短髪なので、櫛を使った経験ははるか昔に遡ります。そのため、櫛が通りにくくなった記憶がありません。皆さんは、気象の変化で櫛が通りにくく感じることはありますか？　いろいろ調べてみると、たしかに髪の毛は湿度に敏感なので、人によっては、櫛が通りにくくなることがあるようです。

　低気圧や前線が近づいて空気中の水分が多くなると、天気が崩れることが多くなります。湿度が高くなることによって、櫛が通りにくくなるとすれば、このことわざの精度は高いことになります。私も気象予報士として、髪を伸ばしたほうがいいかもしれませんね。

　しかしながら、疑問がひとつ残ります。本当に湿度が高くなると、櫛が通りにくくなるのでしょうか?

　これには、個人差がかなりあるようです。直毛で髪の状態が健やかなときは、湿度による髪への影響はほとんどないようです。したがって、髪が健康な方は、櫛で雨が降るかどうかの判断はできなさそうです。

　一方、くせ毛や傷んだ髪は、湿度の影響を受けやすくなります。湿度が高い日は、髪がうねったり、広がったりして、広がり方もバラバラなようです。櫛が通りにくいというより、まとまりがなくなり、ヘアースタイルを整えにくいということのようです。

　また、先述の毛髪湿度計は、日本人の髪は太くて伸縮性があまりよくないので、湿度を計測するのには適しておらず、白人女性の金髪がいいとのことです。誰の髪の毛でもいいわけではないのですね。

　梅雨が明けると、その日から10日ほど晴れる日が続くということわざです。これも、昔からの経験に基づいてつくられたことわざです。

　梅雨は梅雨前線によってもたらされる雨です。梅雨の時期は、北海道を除く、沖縄から東北北部までの各地域で、担当する気象台が発表します。その時期はだいたい、沖縄など南西諸島では5月中旬から6月下旬頃、その他の地域は、6月上旬から7月中・下旬頃です。

2018〜2022年の梅雨明けの日

	九州北部 (福岡)	近畿 (大阪)	関東甲信 (東京)	東北南部 (仙台)
2018年	7月9日頃	7月9日頃	6月29日頃	7月14日頃
2019年	7月25日頃	7月24日頃	7月24日頃	7月25日頃
2020年	7月30日頃	8月1日頃	8月1日頃	8月2日頃
2021年	7月13日頃	7月17日頃	7月16日頃	7月16日頃
2022年	7月22日頃	7月23日頃	7月23日頃	確定値は特定できず

　梅雨前線は5〜6月に南西諸島付近、6〜7月は本州付近に停滞する

ことが多くなります。7月に入るとさらに北上して、日本海に停滞する
ことが多くなり、この前線が北海道付近、あるいはもっと北側に押し上
げられ、それが数日以上続く予想のときに"梅雨明け"が発表されます。
ただし、これは暫定値で、最終的に確定するのは夏が終わった後になり
ます。

　梅雨が明けると、日本付近はしばらくの間、太平洋高気圧に覆われる
ことが多くなります。この高気圧は高温で湿った空気を持つため、晴れ
て蒸し暑い日が続きます。そのことから、このことわざが広く使われて
いるのだと思います。

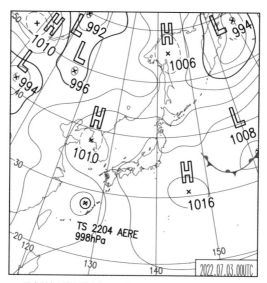

日本列島が太平洋高気圧に覆われた日の天気図（気象庁提供）

確率　　★ ★ ★
（1980年代まで★ ★ ★ ★）

　梅雨明けのパターンには、梅雨前線が北上するパターンと、梅雨前線が弱まって消えていくパターンとがあります。前者のパターンは梅雨明け後、太平洋高気圧に覆われて好天が続くことが多いのですが、後者の場合には、数日後には再び前線が現れて不安定な天気になることもあります。

　また、近年は梅雨明けの時期が6月に発表される年もあれば、8月に発表される年もあり、梅雨明け後の天候も安定しないことが増えてきました。2022年は北陸地方と東北地方で、梅雨明けの時期が特定できなかったとしています。したがって、かつてほど、「梅雨明け十日」になる確率は高くなくなってきています。

　私は大学山岳部出身なので、夏休みに入ると、3週間に及ぶ夏山合宿に出かけていました。もっとも天候が安定する7月下旬から8月中旬頃、つまり梅雨明け十日を狙って合宿を組んでいたものです。ところが、1993年は記録的な冷夏となり、米の不作で海外から米を輸入するなど、天候が非常に悪く、寒い夏でした。合宿中も毎日、雨に降られ、最後は台風が来るなど散々でした。

　最近は梅雨明けの時期がこの時代よりもっと前後にズレることが多くなり、安定した好天を捕まえるのが難しくなってきていますね。

3

昔から伝えられてきたことわざ

風はどうして吹くの?

　風は、空気が動いていくことを言います。水が高いところから低いところへ流れるように、空気も気圧が高いところから低いところへ流れていきます。「気圧って何?」(74ページ)で説明したように、空気は温度の変化によって気圧が高くなったり、低くなったりします。つまり、温度差ができると、気圧差ができ、風が生まれるのです。

　たとえば、夏の日中、デパートの中は冷房が効いているので涼しいですね。一方、外は猛烈な暑さになっています。そんなとき、デパートの自動扉が開くと、冷たい風が吹き出してきます。私たちはついつい、その涼しさに引き寄せられてデパートの中に入っていく、そんな具合です。

デパートから冷たい風が吹いてくる

　デパートの中は気温が低いので、空気は縮こまっていき、気圧が高くなっていきます。一方、外は気温が高いので、空気は大きくなって膨張し、気圧が低くなります。すると、気圧が高いほうから低いほうへと空

気が動き、これが風になります。

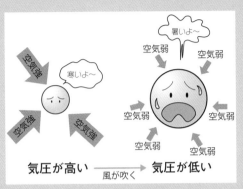

気圧差で風が発生する

　風は高気圧から低気圧へそのまま吹かずに、等圧線に平行に近い感じ
で吹きます。それは、風が数百kmという長い距離を吹き抜けていくと、
地球の自転の影響を受けて、右向きに変わるからです。ただし、これは
ちょっと難しい話なので、この辺で。

4章

地域特有の
ことわざ

渡り鳥早き年は
雪多し

（北日本、日本海側の地方）

　毎年、冬が近づくと、ハクチョウやカモがシベリアなどの寒い地域から渡ってきます。このように、冬になると日本にやってくる渡り鳥を冬鳥と言います。逆に、夏に日本に渡ってくるツバメ、オオルリ、キビタキなどの渡り鳥は夏鳥と呼びます。このことわざは、冬鳥に関するものです。

　昔から日本人は、渡り鳥が来るタイミングを農作物の管理に役立ててきました。豊作になるか不作になるかは当時の人にとって死活問題でした。それだけに、毎年やってくる渡り鳥を観察して、種まきや田植え、収穫のタイミングを決めていたのだと思います。

　冬鳥はシベリアなどの寒い地域で、昆虫などのエサが少なくなってきた

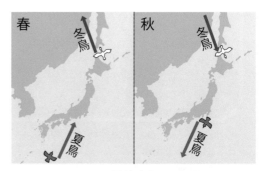

夏鳥と冬鳥

り、湖や川が凍結して魚が獲れなくなってきたりすると、エサを求めて日本付近にやってきます。冬鳥が早く来る年は、シベリアなどユーラシア大陸（以下、大陸）の北部で例年より早く、冷え込みが厳しくなっていることを示しています。大陸に寒気が溜まってくると、やがてそれが日本付近にやってきます。したがって、日本でも冬の訪れが早くなり、その年の冬は厳しい寒さになって、日本海側の地域で雪が多くなると言われてきました。

シベリアの高気圧＝冷たい寒気

10月下旬

10月上旬

11月中旬

新潟県

シベリアの寒気が日本付近にやってくる様子

さて、大陸で寒気が溜まってくると、そこに高気圧ができます。これをシベリア高気圧と言い、この高気圧が日本付近に張り出すと、西に高気圧、東に低気圧という西高東低型の冬型の気圧配置となり、北西の季節風が吹いて全国的に気温が下がります。そして、日本海側では雨や雪、太平洋側では晴れという天気分布になります。冬鳥が平年より早く日本にやってくるというのは、例年よりシベリアで高気圧が早くでき、日本付近に寒気が早くやってくるということです。そのため、このことわざは正しいように思えますが、「高山に早く雪ある年は大雪なし」（85ペー

ジ）で述べたように、寒さが早く来る年が寒くなる（大雪になる）とは限りません。特に、地球温暖化が進行している近年では、ますますその傾向が強まっています。

長野県安曇野市に飛来した渡り鳥

確率	★ （30年前頃までは★★）

　このように、冬の訪れの早さと冬の寒さとの間に相関関係はあまりなく、特に近年はその傾向が強くなっています。したがって、残念ながらこのことわざは、あまり当てにならないようです。一方、似たようなことわざで「カモが早く来ると早雪」というものがあります。前述の通り、大陸に寒気が早く溜まる年は、日本付近でも早く雪が降ることが多いので、当てはまることが多く、★★★★になります。

　同じ日本国内でも、渡り鳥の飛来数に差が出ることがあります。新潟県の瓢湖や鳥屋野潟など日本海側の地域で寒冬や大雪になると、湖が雪

で覆われて冬鳥はエサが得られなくなるので、太平洋側の湖や池に渡り鳥が集まる傾向があります。長野県安曇野市にある犀川白鳥湖は、雪に覆われることが少ないので、新潟県のハクチョウ飛来地が大雪になる年には、たくさんの白鳥やカモが飛来してくる一方で、新潟県で雪が少ない年は、飛来してくる渡り鳥は少なくなる傾向にあります。

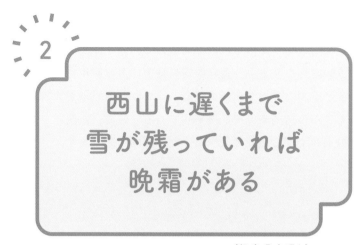

西山に遅くまで
雪が残っていれば
晩霜がある

（福島県中通り）

　このことわざは福島県に伝わるもので、「郡山盆地の西にある八幡岳や笠ヶ森などの1000m級の低山に雪が遅くまで残っている年は、遅くまで霜が降りる」という意味です。春になって畑に作物を植えたり、田植えをしたりした後に霜が降りると、霜に弱い農作物は枯れてしまいます。

山に遅くまで雪が残っている様子

　昔から春に降りる霜は、被害がとても大きくなるので、農家にとって大敵でした。このため、西の山に遅くまで雪が残っているときは、霜に注意しなければならないという、古くからの知恵が伝わってきたのでしょう。標高の低い山に残雪が多い年は、3〜4月にたびたび寒気が南下します。

　そのような年に、大陸から冷たい移動性高気圧がやってくると、遅霜が降りることがあります。特に、冷たい北風が弱まった日の晴れた夜は注意が必要です。北風は冷たい空気を地上付近にもたらします。その後で風がおさまると、「風の弱い星夜は冷える」（46ページ）でも紹介したように、放射冷却現象で冷え込みが強まるのです。特に、雲が少ないほど、地上付近の熱は雲に吸収されることなく、上空へと逃げていくので冷え込みが強まります。

　霜にまつわることわざは、このほかにもたくさんあります。なかでも「八十八夜の別れ霜」と「九十九夜の泣き霜」は有名です。

　前者は、「立春から数えて88日目にあたる八十八夜（5月2日）の頃には、霜が降りることはなくなるだろう」という意味です。5月2日といえば、東日本や西日本の沿岸部では、ヒートアイランド現象と地球温暖化が進んだ現在、霜が降りることはありません。たとえば、東京では終霜（最後に霜が降りる日）の平均日が2月14日、大阪3月18日、金沢3月28日、仙台でも4月7日です。そういう意味ではことわざ通りです。

　それに対して、後者のことわざは、「立春から数えて99日目（5月13日）頃でも、まだ霜が降りることがまれにある」という戒めです。西日本の標高の高い地域や東日本の内陸や盆地では、下層に寒気が残っているときに移動性高気圧に覆われると、この時期でも霜が降りることがあるからです。たとえば、長野の終霜平均日は4月26日と、ずっと北に位置する札幌の4月26日と同じ日です。私が住んでいる八ヶ岳山麓では標高1000mを超える場所まで田畑が広がっています。毎年、ゴールデン

ウィークを過ぎても霜が降りることがあり、そんなときはまさに「九十九夜の泣き霜」となります。こちらも福島県のことわざのように、寒の戻りが多い春や寒暖の変動が大きい年に起こりやすい現象です。

長野県茅野市など内陸の高原地域では、年間霜日数が100日以上に達する

確率 ★ ★ ★

　春にたびたび寒気が南下する年に遅霜が多いのですが、ある日から突然高温期に入ることもあり、一概に、このことわざが当てはまるとは言えません。逆に、「西山に雪があれば、霜降らない」ということわざもあるほどです。ただし、「西山に雪が降った翌日に霜が降りる」などと、より細かい条件をつけると精度が上がる可能性があります。また、西山の雪の残り方と遅霜の関係を調べるのも面白いかもしれませんね。

3

○○山に雲が
かかると雨

（全国各地）

　どの地域にもあることわざですね。皆さんも一度は聞いたことがある
のではないでしょうか？　私の住んでいる長野県茅野市でも「守屋山に
雲がかかると雨」「諏訪富士（蓼科山）に雲がかかると雨」などの言い伝
えがあります。また、かつて住んでいた神奈川県では「大山に雲がかか
ると雨」ということわざがありました。

蓼科山（諏訪富士）にかかる雲

これらのことわざは、「身近な場所にある山に雲がかかると、間もなく雨が降り出す」という意味なのですが、はたして科学的な根拠があるのか調べてみましょう。

　まず、このことわざには、山のほうが平地より早く天気が崩れるという前提があります。山に雲がかかっているということは、すでに山は霧か雨になっているということ。そのとき、平地では山が見えているので、まだ天気が崩れていないことになります。それでは、山ではなぜ、平地より早く天気が崩れるのでしょうか？

　天気が崩れる原因のほとんどは、低気圧や前線が近づいてくるためです。低気圧や前線の周辺では上昇気流が発生しています。雲は水蒸気を含んだ空気が上昇することで発生します。そのため、上昇気流が起きるところでは雲ができやすいのです。また、低気圧や前線付近の空気は、水蒸気をたっぷりと含んでいます。その水蒸気が上昇して冷やされることで雲が成長していき、雨雲や雪雲になっていきます。低気圧や前線が接近してくるとき、上空の高いところから湿った空気が入ってきて、次

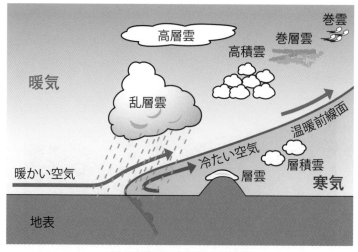

低気圧や温暖前線が接近するときの雲

第に高度を下げていきます。また、上昇気流も、低気圧や前線がまだ離れているときは上空の高いところで発生していますが、接近すると次第に高度が下がります。そのため、初めは上空の高いところに巻雲や巻層雲などが現れ、次第に高層雲や乱層雲などの、高度の低い雲へと変化していきます。高い山から雲がかかり始め、次第に低い山でも雲がかかるようになっていくのはそのためです。近くの低い山に雲がかかるようになると、すでに低気圧や前線が近くまで来ているので、平地でもやがて雨になります（詳細は173ページ参照）。

　一方、山では、低気圧や前線が接近しなくても、簡単に天気が崩れることがあります。それは海側から風が吹くときです。その理由については、「海側から風が吹くと山はガス」（182ページ）をご参照ください。

　海側から風が吹き始めたとき、平地ではまだ晴れているのに、山に雲がかかることがあります。その後、海からの風が強まったり、湿った空気が入ってきたりするときは、平地の天気も崩れていくことが多くなります。ことわざが当てはまるケースですね。

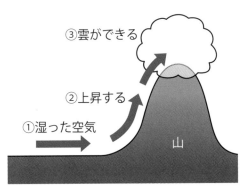

③雲ができる

②上昇する

①湿った空気

山

風によって山で雲が発生する様子

　これら主に２つのケースによって、山に雲がかかった後、平地でも天気が崩れていくことが多くなります。

　これまで述べてきたように、山に雲がかかると、その後、平地の天気も悪くなることがあります。低気圧や前線が接近してきたときや、海側から湿った空気が入ってくるときなどです。

　一方で、高い山脈に雲がかかる場合は、その山が湿った空気の侵入を防いでくれるので、風下側では天気はなかなか崩れません。また、山に雲がかかっても、一時的に湿った空気が入ってきただけのときもあり、平地の天気は崩れないこともあります。

　重要なのは、山にかかっている雲の量を見ることです。雲が次第に高度を下げていくときや、山にかかっている雲が“やる気”を出していく（上方にぐんぐんと成長していく）ときは、平地で天気が崩れることが多くなります。

富士山に笠雲が
かかると雨

（山梨県、静岡県）

　このことわざも昔からよく聞きますね。笠雲とは、昔の旅人が雨や雪、日射などを防ぐために頭に被せていた笠に似ていることから名づけられた雲のことで、富士山や利尻山など、独立峰の山頂付近によく出現します。なかでも富士山にかかる笠雲は美しく、私もその美しい姿を見ると、運転中でも車を道路脇に停めてシャッターを押してしまいます（笑）。

富士山にかかる笠雲 (Chatchawat Prasertsom / Shutterstock.com)

地域特有のことわざ

109

「笠雲がかかると雨」ということわざは、富士山のものがもっとも有名ですが、他の独立峰でも使われることがあります。

笠雲は、山頂付近で強い風が吹いているときや、山頂付近に湿った空気が入るときに出現します。富士山でもっとも笠雲が出現しやすいのは、日本海に低気圧が進んだときです。低気圧の周辺では反時計回りに風が吹いています。また、低気圧の南側では、上空の偏西風の流れと地上付近の風向が一致したり、

日本海に低気圧が進んだときの風向き

低気圧の進行方向と風向きが一致したりするため、風が強くなります。日本海に低気圧が進むと、富士山は低気圧の南側に入るため、南西からの強風が吹きつけます。

南西からの風は水蒸気をたくさん含んでいることが多く、この風が富士山にぶつかって上昇することで笠雲が発生します。また、富士山を越えると風は下降していくので、雲は消えていきます。笠雲は停滞している雲に見えますが、じつは新陳代謝を繰り返し、絶えず新しい雲が生まれては消え、生まれては消えているのです。それを考えると愛おしくなりますね（笑）。

さて、日本海に低気圧が進んでいくと、山では雲に覆われて強風が吹きつけ、荒れた天気になりますが、平地では、天気が崩れるときと崩れないときがあります。天気が崩れるのは、低気圧から伸びる寒冷前線が通過するときで、日本海側ではそれまでの好天から激しい雷雨へと天候が急変します。太平洋側でも高い山が少ない北日本や西日本では天気が

崩れることが多いのですが、東日本では中部山岳を越えるときに前線が弱まるので、天気が崩れることが少なく、富士山麓では富士山に笠雲がかかっても天気が崩れないことがあります。一方で、前線に向かって南から暖かく湿った空気が流れ込むときは、富士山麓でも強い風雨となります。暖かく湿った空気が流れ込んできているかどうかは、富士山の静岡県側から山を包むような雲がかかるかどうかで判断します。次の写真のように、静岡県側から山全体に雲が広がるようなときは、平地でも天気が悪化していくことが多くなります。

静岡県側から雲が広がる様子（山中湖からの富士山）

　天候が崩れないのは、低気圧が前線を伴っていない場合です。そのようなときは、笠雲がかかっても、平地の好天は続きます（風が強くなることはあります）。

確率　★★★

これまで述べてきたように、富士山に笠雲がかかっても、天気が崩れるときと崩れないときがあります。これは他の山でも同様です。笠雲の様子を観察し、笠雲が次第に厚みを増して二重、三重になっていくときは、山では暴風雨の大荒れに、平地でも天気が崩れていくことが多くなります。笠雲が次第に小さくなっていくときは、天気が回復していく兆しです。笠雲の様子を観察することで、雨になる笠雲なのか、そうでないのかを判断してみましょう。

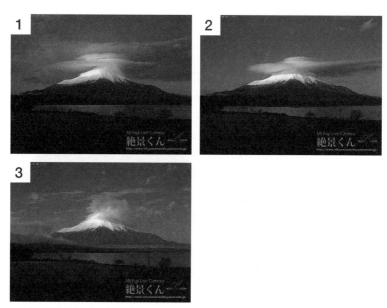

天気が回復するときの笠雲の変化（絶景くん（現・山中湖観光協会の富士山ライブカメラ）より転載）

　富士山の笠雲にはたくさんの種類があります。上級者の方は、現れる笠雲の違いによってお天気を予想してみるのも面白いかもしれません。

富士山にかかる笠雲の種類（河口湖測候所「河口湖の気候 ― 気象50年報」をもとに作図）

春のやまじは
雨知らす

（愛媛県）

　愛媛県に伝わることわざです。愛媛県は東予、中予、南予と3つの地方に区分されますが、「やまじ」というのは、東予地方で使われる言葉です。東予地方の南側には、西日本最高峰の石鎚山を擁する石鎚山脈があり、そこから派生する法皇山脈が、瀬戸内海に沿うように伸びています。海岸から1600〜1700ｍまで一気にそそり立つ山脈です。「やまじ」は、この山から吹き降りる南寄りの強風のことで、岡山県の「広戸風」や秋田県の「清川だし」とともに、日本3大局地風に数えられています。

　「やまじ」が吹くと、平地ではフェーン現象により、気温が急激に上がります。非常に強い熱風は稲を倒すなど農作物に被害を与えるため、昔から恐れられてきました。ことわざの意味は、「この風が春に吹くとやがて雨

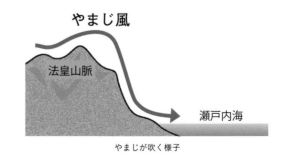

やまじが吹く様子

になりますよ」というものですが、はたして本当にそうなのでしょうか？

　それを解明するためにまず、「やまじ」がどのようなときに吹くのかを調べてみましょう。一般に、風は気圧が高いほうから低いほうへと吹きます。それが自転の影響を受けて右向きに変えられるので、西側に低気圧、東側に高気圧があるとき（東高西低型とも呼びます）に南寄りの風が吹くことになります。日本付近では夏を除いて、上空に偏西風という強い西風が吹いています。この西風に流されて、低気圧や高気圧は西から東へと進んでいきます。そのため、西側に低気圧があるということは、この低気圧がやがてやってくることを意味しているので、天気が崩れていくことになります。

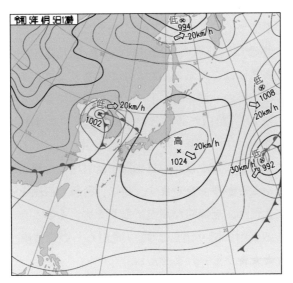

東高西低型の気圧配置（気象庁提供）

「やまじ」と呼ばれるほど強風になるのは、日本海や沿海州を低気圧が進んでいくときです。このようなとき、四国付近で等圧線が込み合うと

「やまじ」が吹きます。低気圧は遠くを通過するので、この低気圧によって悪天になることはありませんが、低気圧から伸びる前線が通過するときに雨が降ります。

　春と限定されているのは、この気圧配置が春に現れやすいからです。「春一番」というのは、立春（2月4日頃）から春分（3月21日頃）の間に初めて吹く強い南風のことですが、「やまじ」はまさに春一番が吹くようなときに起こります。

　昔から言い伝えられてきただけに、ことわざの精度は高めです。春だけでなく他の季節でも、このことわざが当てはまることがよくあります。ただし、冬の場合は、前線の活動が弱かったり、湿った空気が入らなかったりしたときには、天気の崩れが小さくなります。また、同じような現象として秋田県の「清戸だし」や、私の故郷でもある新潟県の下越地方の「荒川だし」「胎内だし」という風があり、いずれも山から吹き降りる高温の強風です。これらの地域では東側に山があるので、南風ではなく東風になります。やはり、日本海を低気圧や台風が進んでいくときに東風が吹くことが多くなります。特に、台風が西側を通過するときは、暴風が吹き荒れ、記録的な高温になります。そのようなときは、この強風が弱まると雨が降り出します。「荒川だしの後に風やめば雨」とすれば、★★★★★かもしれませんね。

参考文献

◎ 森 征洋「やまじ風」　https://www.ed.kagawa-u.ac.jp/~ymori/yamajikaze/

6

西が曇ると雨、
東が曇ると風

（新潟県村上市）

　新潟県村上市に伝わることわざです。日本海側の地方には、地域特有のことわざが多く、昔から天気に苦労していた地域ということがよくわかります。ことわざの意味から見ていきましょう。文字通り、「西側に雲が広がってくると雨になり、東側に雲が広がると風が吹く」ことを表しています。

　さて、このことわざの真偽を確認していきましょう。そのためにまず、新潟県村上市の位置から確認します。村上市は新潟県でもっとも北に位置し、山形県と接しています。西側に日本海が広がり、笹川流れなどの景勝地や瀬波温泉があります。

また、市の中心部を三面川という清流が流れており、鮭の遡上で知られています。この鮭を使った塩引鮭が特に有名です。また、村上牛の産地としても知られており、日本酒もたいへん美味しいところです。故郷の紹介でしたので、

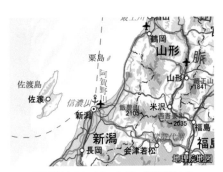

新潟県村上市とはどこ？　青い旗印が村上市
（国土地理院電子国土web）

117

ついつい紙面を割いてしまいました（笑）。

　さて、村上市は西側に日本海が広がり、東側には朝日連峰という、山形県との県境に連なる高い山があります。日本海側の地域では、日本海から湿った空気が入るときに天気が崩れます。つまり、日本海の方角に雲が広がると天候が悪くなっていくのです。そういう意味で、このことわざは理に適っています。

日本海に広がる、天気を崩す雲

　一方、東側に雲が広がるときはどうでしょうか？　東側は高い山があるので、遠くまで見通すことはできません。東側に雲が広がるのは、朝日連峰に雲がかかったり、その上空に雲が広がったりするときです。このことわざでイメージしている東側の雲は、太平洋からの湿った空気が朝日連峰で上昇してできたものです。山では雲が発生しますが、山を越えた空気は、村上市の山麓へと吹き降りていきます。空気は下降すると暖まって乾燥していくので、雲は消えていき、天気は崩れませんが、三面川や荒川などの川に沿って強風が吹きます。116ページで述べた「荒川だし」「胎内だし」はまさにそのような現象です。

118

確率	★ ★ ★ ★

　このことわざは、地形による天気の違いを理解するうえで非常に重要な真理を突いています。したがって、精度は高いです。また、新潟県だけでなく、同じように西に日本海、東に山という地形となっている、秋田県や山形県庄内地方にも当てはまります。「西が曇ると雨」はほぼ当たりますが、「東が曇ると風」は外れることもあります。たとえば、日本海から乾いた空気が入りつつあるときは、東の山に雲がかかっていても風が吹かないこともあります。そのようなときは、風の向きと肌の感覚で判断しましょう。風が山（東側）から吹いてくるときは、このことわざが当てはまりますが、海（西側）から吹いてくるときは、当てはまりません。また、生暖かい風のときは当てはまりますが、ひんやりとした空気のときは当てはまりません。

4

地域特有のことわざ

（富山県魚津市）

蜃気楼とは、空気中で光が屈折して虚像が見られる自然現象です。簡単に言えば、実際にはないものが見えたり、実際より大きく見えたり、上下がひっくり返ったように見える現象です。蜃気楼には上位蜃気楼と下位蜃気楼があります。

上位蜃気楼は、実際の風景の上側に虚像が見られるもので、非常にレアな現象です。富山湾では春に見られることが多く、春の蜃気楼とも呼ばれます。下位蜃気楼は逆に、実際の景色の下側に虚像が見られる現象で、富山湾では冬に見られることが多く、冬の蜃気楼と呼ばれますが、夏の道

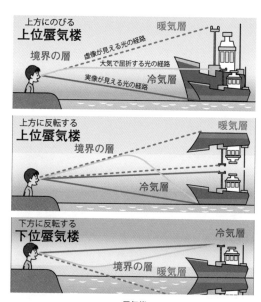

蜃気楼

路に現れる逃げ水のように、季節と場所を問わず、比較的頻繁に現れます。

　このことわざは、上位蜃気楼に関するものです。ことわざが伝わる富山県魚津市は、富山湾に面し、日本有数の蜃気楼の名所です。富山湾は、4月から5月にかけて、立山連峰から流れ込む雪解け水によって冷やされるので、海のすぐ上にある空気も冷えていきます。一方、この時期は日中、気温が上がり、陸地の上の空気は暖められます。その暖められた空気が冷たい空気の上に流れ込むと、狭い範囲で温度が急激に変化する層ができます。光は温度差がないときは直進しますが、このように冷たい空気と暖かい空気が接する層では、光は温度の低いほうへ曲がっていきます。しかし、私たちの目は、光が直線的にそのまま進むと錯覚するので、実物より上側に虚像が見えるのです。

富山湾の蜃気楼（BUD international / amanaimages）

　魚津市の蜃気楼は、魚津埋没林博物館のウェブサイトによると、以下の条件のときに出現しやすいようです。

- 4月から5月にかけての午前11時から午後4時頃
- 18℃以上のとき（朝に冷え込みがあって日中との寒暖差が大きいと出現しやすい）
- 魚津市の海岸で北北東の微風（おおむね毎秒3m以下）

　これらの条件になる気圧配置は、高気圧に覆われて富山県付近で等圧線の間隔が広いときです。高気圧の中心は、日本海にあるときもあれば、関東地方から東北地方の東海上にあるとき、日本の南海上にあるときなどさまざまです。

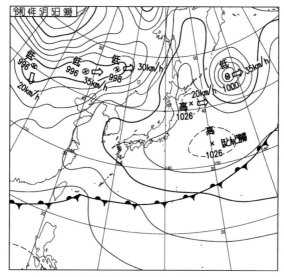

富山湾に上位蜃気楼が出現したときの天気図（気象庁提供）

　さて、魚津埋没林博物館のウェブサイトでは、過去に上位蜃気楼が発生した日を確認することができます。そこでは、蜃気楼のランクをAからEまでの5段階に分けています。「予備知識や双眼鏡などを持たない人でも、大半の人に分かる」というBランク以上の蜃気楼が現れた日、および「予備知識や双眼鏡などを持たない人でも、半数ぐらいには分か

る」というCランク以上の蜃気楼が現れた日の翌日の天気を調べてみました。

2018～22年の5年間に蜃気楼が出現した翌日に雨が降ったかどうか

	翌日に雨が降った回数	翌日に雨が 降らなかった回数
B以上の蜃気楼が 出現したとき	6	6 (2)
C以上の蜃気楼が 出現したとき	21 （うち3回は夜から雨）	21 (10)

※（　）内の数字は、翌日もDランク以上の蜃気楼が現れた日数

確率　★ ★
（春は★★★）

　表を見ると、翌日に雨が降った回数と降らなかった回数は、B以上でもC以上でも同じで、このことわざは当てにならないようですね。ただし、翌日に雨が降らなかった日は夏が多く、春に関して言えば、もう少し確率が上がります。また、蜃気楼は2～3日続けて出現することも多く、その最終日に限れば、次の日に雨が降った確率はぐんと上がります。蜃気楼だけで翌日の雨を判断することはできませんが、天気図などと併せて活用すると精度が上がりそうです。

　なお、蜃気楼は、石狩湾に面する小樽市や、琵琶湖、猪苗代湖、苫小牧沖、オホーツク海などでも見られます。このうち、小樽市では「高島オバケ」と呼んでおり、これは昔、地元の人たちが高島地区で海に現れる不思議な虚像を「オバケ」と呼んだことに由来しています。幕末に北海道を探検した松浦武四郎が日誌のなかで、このことを紹介しています。こちらも当時の地元の人は、「高島オバケが降ると、雨が降る」と信じ

ていたようですが、「小樽沖の蜃気楼の観測および出現条件の研究」（大鐘卓哉）によれば、1998～2000年に現れた10回の上位蜃気楼のうち、当日あるいは翌日までに石狩湾周辺で雨が降った日は9回ということです。近年の調査ではなく、観測期間も短いので確実なことは言えませんが、「高島オバケ」については確率が高いのかもしれません。いずれ調べてみたいものです。

参考文献

◎「魚津埋没林博物館」 https://www.city.uozu.toyama.jp/nekkolnd/
◎「小樽市」 https://www.city.otaru.lg.jp/
◎ 大鐘卓哉「小樽沖の蜃気楼の観測および出現条件の研究」 https://www.noastec.jp/kinouindex /data2000/014.html

8

伊吹山に3度雪が降ると、里にも雪が降り始める

（滋賀県湖北地方）

　雪国でよく使われてきたことわざです。このことわざの意味は、「伊吹山に3度雪が降ると、里にも雪が降る」というものです。麓から見て山に初めて雪が積もることを初冠雪と言います。初冠雪の便りは、北から南へ、あるいは標高の高い場所から低い場所へ届いていきます。このようなことわざは、伊吹山以外にも烏帽子岳（長野県上田市）、浅間山（群

雪が積もった伊吹山

馬県嬬恋村）、磐梯山（福島県猪苗代町）、米山（新潟県柏崎市）、手稲山（北海道札幌市）、黒姫山（長野県信濃町）、岩戸山（長野県小谷村）、大林山（長野県千曲市）、池田山（岐阜県西濃地方）、氷ノ山（兵庫県香美町）などなど、枚挙にいとまがないほど、多くの場所にあります。

　地球の大気の一番下の部分、地上から約11km上空までの対流圏^{（たいりゅうけん）}では、上空へ行くほど気温が下がります。その割合は、富士山の高さくらいまでだと、100mにつき平均0.6℃です。もちろん、気圧配置や季節によって異なりますが、高い山ほど気温が下がることになるので、平地ではまだ気温が高く、雨になるときでも、高い山では雪になります。高い山から低い山へと雪が降りてくるのは、季節が進んで気温が下がっていくからなんですね。

主な山岳の初冠雪の平年日

	観測する気象台	平年の観測日
旭岳 (2,291m)	旭川	9月25日
富士山 (3,776m)	甲府	10月2日
立山 (3,015m)	富山	10月12日
浅間山 (2,568m)	前橋	10月31日
大山 (1,729m)	大山町	11月3日
伊吹山 (1,377m)	彦根	11月20日
桜島 (1,117m)	鹿児島	12月18日

　さて、高い山で雪が降り出す秋は、季節が進むごとに気温が下がっていきます。昔から「ひと雨ごとに寒くなる」と言われるように、気圧の谷が通過して雨が降ると、谷が抜けた後に冬型の気圧配置となって、シベリアから冷たい季節風が吹きます。谷が通過するごとに、次第に強い寒気がシベリアから入ってくるので、気圧の谷や冬型による降雪で山が

白くなるたびに、里の気温も下がっていきます。このことわざで使われている山は、里から近い山です。標高も、浅間山など一部を除けば低い山が多く、それらの山に雪が来たということは、そろそろ里も雪の準備をしなければならない、ということだったのでしょう。温暖化が進んだ今と違い、昔は里でも積雪が3mを超えることが珍しくなかったからです。雪国の人にとって冬が来ることは、生活に大きな影響を与える雪との闘いの始まりでもあったわけですね。

地球温暖化の進行によって、「ひと雨ごとに寒くなる」という当たり前のことが少なくなってきています。強い寒気が日本付近にやってきたと思ったら、その後はしばらく暖かい日が続き、忘れた頃に次の寒気が来る、ということも増えてきました。次の図のように、気温の下がり方

近年の1日ごとの気温変化の例（2020年11月東京）

4

地域特有のことわざ

127

が三寒四温（3日寒さが続いた後、4日暖かい日が続くという、中国のことわざ）を繰り返しながら次第に寒くなっていくような変化から、2020年11月の東京の「日平均気温」のような変化になりつつあるのです。したがって、高い山から低い山へ雪が徐々に降りてくるというより、高い山に1、2度降ったらいきなり里に来る、ということも増えてきました。このことわざもそのうち忘れ去られていくかもしれませんね。

大山が
くっきり見えたら
翌日は悪天

（島根県／鳥取県）

　大山は鳥取県にある、伯耆富士とも呼ばれる名峰です。私が登山ガイド向けの研修会で2月に行ったときは吹雪で、山頂からは何も見られませんでしたが、晴れた日に山麓から見上げる美しい姿が目に焼きついています。いつかお天気のよい日に再び登りたいものです。

吹雪の大山山頂付近（撮影：山本道夫氏）

このことわざの意味は、「大山が麓からくっきりと見えたら、翌日は天気が悪い」というものです。山がくっきり見えるときは、天気がよくなりそうなものですが、このことわざは逆です。これはどうしたことでしょうか？

　他にも同じようなことわざがあります。「鳥海山や月山がはっきり見えるとき、翌日は天気が悪くなる」（山形県）や、「立山連峰がきれいに見える翌日は天気が悪い」（富山県）というものです。いずれも日本海側の地域で使われています。これらのことわざは、日本海側だけに通用するもののようです。

吾妻連峰からの月山。はっきり見えるので翌日は雨？

　それでは、どうして日本海側では、山がくっきり見えると天気が悪くなるのでしょうか？

　次の図のように、高気圧では中心から周囲に向かって時計回りに風が吹き出し、低気圧では周辺から中心に向かって反時計回りに風が吹き込みます。そのため、低気圧が東側にあるとき、日本海側では北西風になり、高気圧が東側にあるとき、日本海側では南東風になります。

　日本海側の地域では、日本海から湿った空気が入ると天気が崩れる傾向にあります。日本海からの風が吹くのは、東側に低気圧があるときです。一方、日本海側の地域は東側や南側に山が連なっているので、南〜東風が

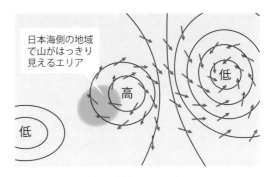

日本海側の地域で山がはっきり見えるエリア

高

低

低

高気圧、低気圧周辺の風向き

吹くときには、山越えの下降気流となり、天気の崩れが小さくなります。特に、高気圧が通過した直後は、湿った空気がまだ入ってこないので天気がよくなり、山がはっきり見えます。

　高気圧が通過した後は低気圧がやってくることが多くなります。そのため、間もなく天気は崩れていきます。まさに理にかなったことわざですね。

　高気圧が通過する前（高気圧が西側にあるとき）は、北西風が残るため、日本海側の地域は天気の回復が遅れる傾向にあります。平地では晴れてきても、山は雲がかかっていることが多くなります。高気圧が東に抜けつつある頃から山の雲も取れて、山がくっきりと見えるようになります。しかしながら、高気圧が東に抜ける頃には西から低気圧が近づいてくるので、このとき、天気は下り坂に向かっているのです。そういう意味では、このことわざの精度は高いと言えるでしょう。

　ただし、高気圧がいくつも並んでいて、ひとつの高気圧が通過しても

4

地域特有のことわざ

次の高気圧が来るようなときは、天気が崩れることはありません。また、太平洋高気圧などの、強い高気圧に連日覆われているときは、朝はくっきりと山が見えて、日中になると雲がかかっていくという日変化が繰り返されることはありますが、翌日に天気が崩れることはありません。

したがって、このことわざは、高気圧が通過した後、低気圧が近づくようなとき、つまり、秋から春にかけて限定と思ったほうがいいでしょう。

10

秋北春南

（山口県）

「秋は北の空が晴れているときは天気がよく、春は南の空が晴れているときに天気がよい」という意味の、山口県周辺で使われていることわざです。

太陽は真上から照らすほど、地面が受け取る熱量（正確には単位面積当たりの)が多くなり、斜めになればなるほど（地（水）平線に近くなるほど）受け取る熱量が少なくなります。これは懐中電灯を例にとるとわかりやすいと思います。真上から照らすと、狭い範囲が強く照らされるのに対して、懐中電灯を傾けて斜めから照らすと、広い範囲が照らされますが、淡い光になります。

それと同じ原理です。

北極や南極などの極域や高緯度地域では、太陽の高度が低いので、受け取る熱量が少なくなり、寒冷な気候になります。

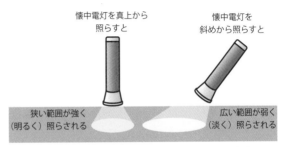

懐中電灯を真上から
照らすと

懐中電灯を
斜めから照らすと

狭い範囲が強く
（明るく）照らされる

広い範囲が弱く
（淡く）照らされる

懐中電灯を真上から照らした場合と斜めから照らした場合

4

地域特有のことわざ

133

一方、赤道など低緯度地域は、日中、太陽の高度が高くなるので、受け取る熱量が多くなり気温が高くなります。

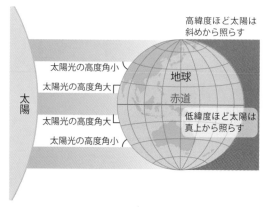

太陽の高さと地表が受け取る熱の大きさとの関係

この状態が続くと赤道付近はどんどん暑くなり、北極や南極はどんどん寒くなりそうですが、海流や空気が熱を運ぶため、温度差は大きくなりすぎません。台風や低気圧、高気圧も、熱を運ぶのに重要な役割を果たしているのです。

また、地球は傾きながら太陽の周囲を回っているので、北半球では夏至（6月下旬）の頃、太陽の高度がもっとも高くなり、冬至（12月下旬）の頃、もっとも低くなります。日本付近でもっとも暑くなるのは8月上旬頃で、もっとも寒くなるのは1月下旬から2月上旬です。それぞれ夏至、冬至から1か月以上後ろ

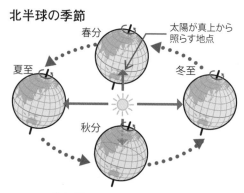

地球が傾いているので四季が生まれる

にズレていますね。これは、空気が暖まったり、冷たくなったりするのが、地面よりも時間がかかり、海は空気よりもさらに時間がかかるので、海に囲まれている日本列島は暑さ、寒さのピークが、夏至や冬至よりも遅れるためです。

　秋になると、北半球では昼間の時間が日に日に短くなっていき、シベリアなど高緯度地方では、太陽の光が射す角度も低くなっていきます。モンゴルやシベリアの南部では、海から遠く離れた内陸にあるので、秋になると他の地域より冷え込みが強くなります。空気は冷やされると気圧が高くなるので、高気圧ができます。この地域は海から離れているので、この高気圧は水蒸気が少なく、乾いた性質を持っています。秋が進むにつれて、この高気圧の勢力が強弱を繰り返しながら次第に強くなり、ときどき、西日本に張り出してくるようになります。高気圧は北から張り出してくるので、北の方角が晴れているときは晴れることが多くなります。

シベリアの高気圧が張り出してくる様子

135

また、高気圧が西から張り出すときも、130ページで説明したように、高気圧の東側では北西風になることから、北西側の空が晴れていると、その晴天域が近づいてきます。逆に、高気圧の張り出しが強く、シベリアからの寒気が強いときは、日本海で雨雲や雪雲ができるので、この地域では天気が悪くなります。そのようなときは、北側の空は暗い雲に覆われるので、このことわざは当てはまりません。

　春は、モンゴルやシベリア南部などの海から離れた場所では太陽高度が高くなって地面が暖められるので気圧が低くなり、低気圧ができます。一方、海上は暖まりにくいので、日本の南海上には高気圧ができて、日本付近は南に高気圧、北に低気圧という、南高北低型と呼ばれる気圧配置になります。この気圧配置になると、南から南西風が吹くことが多いので、南側の空が晴れていると、その晴れた空が広がってきてお天気がよくなるのです。

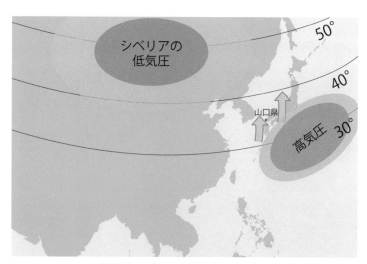

春に南海上から高気圧が張り出してくる様子

確率	★ ★ ★ ★

　このことわざは科学的な根拠に基づいており、昔の人は、天気をよく見ていたんだなぁ、と感心させられます。山口県だけでなく、九州北部や山陰地方にも当てはまることわざですね。似たようなことわざに、日本海側の地域では「秋海春山」、太平洋側の地域では「秋山春海」というものがあります。日本海側では、秋は海が晴れていれば晴れで、春は山が晴れていれば晴れ、太平洋側の地域では逆というものです。こちらも機会があれば、解説していきたいですね。

海陸風って何？

海陸風とは、海と陸地の暖まりやすさの違いから発生する風のことで、海風と陸風の総称です。

昼の間、海岸に近いところで海から陸へ向かって吹く風を海風といいます。風は気圧の差によって生まれます。陸は暖まりやすく、冷めやすいという性質があります。一方、海は暖まりにくく、冷めにくいという性質があります。このため、日中は強い日差しで暖まった陸地で気温がぐんぐん上昇し、海の上はあまり気温が上がりません。夏の日中、海から離れている埼玉県の熊谷市や、群馬県と栃木県の南部、岐阜県多治見市、京都市などで気温が上昇しますが、海沿いである、お台場など東京湾沿岸や、中部国際空港、関西国際空港などではそこまで気温が上がらないのはこのためです。空気は暖まると膨張して気圧が低くなり、冷めると収縮して気圧が高くなります。そのため、内陸のほうで低気圧が発生し、海の上には高気圧が発生します。

高低差があると、高いほうから低いほうへと水が流れるのと同じで、風も気圧の差ができると、気圧が高いほうから低いほうへと流れていきます。そのため、気圧が高い海から気圧の低い内陸へと風が吹くのです。これが海風です。海風は、十数km内陸まで吹くことが多いのですが、大きな川沿いでは数十km内陸まで吹くこともあります。

夜は太陽が沈み、地面から熱が逃げていき、地面が急速に冷やされていきます。夜が更けていくと、海から離れた内陸のほうで気温が下がり、高気圧ができます。一方、海は冷めにくいので低気圧ができ、昼間とは逆に、陸から海へと風が吹くようになります。これを陸風と言います。

夜間のほうが海と陸地との温度差が小さいので、陸風は海風より弱くなります。

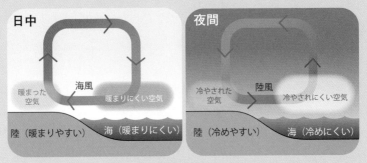

海風と陸風

　海沿いに住んでいる方は、夏の日中、晴れて風が穏やかな日は毎日、海からの風が吹くことに気づくと思います。夕方になると、陸地と海との気圧差が小さくなり、風がやみます。これを夕凪と言います。夜になると陸風に変わっていきます。このことから、風は温度差、気圧差によって生まれることを肌で実感できるでしょう。

5
章

山に関する
ことわざ

硫黄の匂い
がすると雨

（劔岳（富山県））

　岩と雪の殿堂、北アルプス・劔岳。四方に鋭い稜線を落とし、本峰や
それらの稜線につきあげる岩壁が織りなすその山容や、氷河を含む、い
くつもの大規模な雪渓の存在は、他の山を寄せつけない風格を持った名
峰です。標高2999ｍと、3000ｍにわずか1ｍ足りないことを残念がる
人もいますが、9が3つ並ぶスリーナインの標高を私は気に入っています。

岩と雪の殿堂、劔岳

　私は、数年間の闘病生活などもあって、15年以上、剣岳の山頂を踏んでいませんが、かつては季節を問わず、何度も訪れていました。私にとっては、自分の拙い登山技術を鍛えてくれた"道場"であるとともに、絶景やお花畑、雪渓など、安らぎをも与えてくれた心のオアシスでもありました。また、訪れたいものです。

「硫黄の匂いがすると雨」は、剣岳周辺で古くから言われてきたことわざです。硫黄の匂いは、剱岳の南南西にある地獄谷から発せられています。地獄谷は古くから、立山信仰の中心となっていた場所で、立山地獄の象徴的存在です。立山連峰西側にある弥陀ヶ原火山の中にあり、過去に何度も水蒸気噴火を繰り返してきました。

　このことわざは、文字通り、地獄谷から発した硫黄の匂いがすると、天気が崩れるというものです。剱岳で硫黄の匂いがするのは南寄りの風が吹くときです。それは、地獄谷の北側に剱岳があり、南寄りの風が吹くと、硫黄の匂いが北へと流されて剱岳周辺に流れていくからです。

　地獄谷は標高2300ｍ付近にあり、剱岳は標高3000ｍ近い高さがあります。したがって、匂いは、2300ｍ以上の高いところを吹く風によって流されていきます。日本の上空には、夏を除いて

地獄谷と剱岳の位置関係

偏西風と呼ばれる西風が吹いていることが多く、上空2500ｍ付近では西風が吹くことが多いのですが、低気圧や気圧の谷が接近するときは、南西から南寄りの風になります。このため、硫黄の匂いがするというのは、低気圧や気圧の谷が接近していることを示唆しています。また、地獄谷と剱岳では標高差が約700ｍあり、上昇気流が発生しないと、硫黄を含んだガスは流れてきません。硫黄の匂いがするのは、上昇気流が発生していることを示しており、やがて天気が崩れる可能性が高いのです。

　南寄りの風が吹くときは、低気圧や気圧の谷が接近することが多いので、このことわざの精度は高いと言えるでしょう。私も剱岳で硫黄の匂いを感じたことがあり、翌日は吹雪になりました。

　穂高連峰でも同じことわざがあります。穂高岳の南側には焼岳という活火山があり、南風が吹くと、硫黄の匂いが穂高連峰に運ばれていくのです。こちらも同じく精度が高いです。

　これらの山で硫黄の匂いがしたら、天候が悪化すると考えたほうがよさそうです。ただし、注意しなければならないのは、硫黄の匂いがしなくても、天気が崩れることはあります。「硫黄の匂いがしなければ晴れ」という意味ではないので、誤解しないようにしてください。

2

穂高連峰に伝わることわざ

（長野県・岐阜県）

　日本第3位の高峰で北アルプス最高峰の奥穂高岳をはじめ、北穂高岳、涸沢岳、前穂高岳を含めた4つの3000ｍ峰と、ジャンダルム、ロバの耳などの岩峰、それに穂高連峰屈指の険しい稜線を持つ西穂高岳などから構成される穂高連峰は、古くから登山者にとって憧れの存在です。かつては、「穂高岳に登った」というと一人前の登山者に思われたもので

涸沢カールのお花畑と穂高連峰

した。ゴツゴツとした鋭い岩峰を連ねるその姿は、登攀欲をかきたてら
れます。実際、北穂高岳の滝谷、前穂高岳の東壁、標高差300ｍの垂直
の壁である屏風岩など、穂高の岩場には、昭和時代から多くのクライ
マーが挑み続けています。私も昔はこれらの岩に挑んだことがありまし
た。懐かしい思い出です。

恐竜の背のような前穂高岳北尾根

　ここでは、穂高岳の中腹にある涸沢ヒュッテの元社長・山口孝さんに、
穂高岳にまつわる天気のことわざを聞いたので紹介します。

　①飛騨（岐阜県）側からガスが入ってくると天気が崩れやすい
　②日中、飛騨側からの風が吹き出すと天気が崩れやすい
　③朝方に横尾谷から風が吹き上がると天候が不安定
　④西陽が前穂のⅢ峰フェースにあたると、翌日の午前中は晴れる

　①は、穂高連峰の飛騨側（西側）から雲が上がってくるときに天気が
崩れやすいというものです。②は、飛騨側から風が吹くと天気が崩れや

すいというものです。

　③については、朝のうち、横尾谷の下流側から風が吹き上がるときに天候が不安定になるという意味です。

　④については、西陽が前穂高岳のⅢ峰という岩峰にあたるとき、翌日の午前中は晴れるというものです。前穂高岳のⅢ峰に西陽があたるときは、西側の空が晴れているときなので、「夕焼けは晴れ」（42ページ）と同じで、翌日の午前中は晴れることが多いのです。

確率　★★★～★★★★

　さすがに長年、穂高岳の懐にある山小屋で言い伝えられてきたことわざ、言葉に重みがありますね。①については、穂高岳で天気が崩れるのは、(a) 低気圧や前線が近づいてくるときと、(b) 日本海からの湿った空気が入ってくるとき、(c) 大気が不安定なとき、などです。これらのうち、(a) と (b) については、南西や西側から湿った空気が入ってくるので、飛騨側から湿った空気が入ってきます。湿った空気が穂高連峰にぶつかると上昇して雲ができるので、天気が崩れることが多くなるというものです。科学的な根拠があり、精度が高い（★★★★）のですが、一時的に湿った空気が入るだけのときもあり、そんなときはやがて晴れていきます。ですから、②は★★★。①で述べたように、(a) と (b) のケースでは飛騨側から風が吹くことが多くなるので、天気が崩れやすいことは事実ですが、「飛騨側からの風が強まると」にすると、さらに信頼度が高まるでしょう。③については、晴れて風が穏やかな日は、夜から朝のうちにかけては山から里へ、川の上流から下流へと風が吹きます。これを山風（やまかぜ）と言います。一方、日中は谷の下流から上流へ風が吹き、これを谷風（たにかぜ）と呼びます。朝のうちは、山風が吹くときに天気がよくなり

ますが、横尾谷から風が吹き上がるときは、下流側から風が吹き上がってくるので、山風とは逆向きの風になります。このようなときは、低気圧が近づいているなど、天候が悪くなることが多くなります。これは信頼性が高く、★★★★。他の山でも使えるので、ぜひ覚えておきましょう。④は★★★。「夕焼けは晴れ」のところで書いたように、当たらないこともあります。

3

槍ヶ岳に伝わる
ことわざ

（長野県・岐阜県）

「槍ヶ岳」は、長野県と岐阜県の境に位置する、日本第5位の高峰です。天を突きさすような鋭く尖った山容は、「日本のマッターホルン」と呼ばれ、「やり様」と呼ぶ登山者がいるくらい、登山者にとって特別な存在です。

　私も季節を通じて何回も訪れている山ですが、槍沢という沢沿いの道

ピラミダルな山容の「やり様」

149

を登っている途中、突如として槍ヶ岳のピラミダルな姿を目にするたびに、「ただいま」と呼びかけてしまいます。そんな懐かしいような、あるいは鋭く尖った岩峰に畏敬の念を抱くような、不思議な存在です。尖った山であるがゆえに、昔から落雷の事故が多く発生しています。そのため、登山者や山小屋にとって天候判断は重要で、天気予報のない時代には、多くのことわざが伝えられてきました。

　槍ヶ岳の肩にある槍ヶ岳山荘を含む複数の山小屋を経営する、槍ヶ岳山荘グループの前社長・穂苅康治さんに、槍ヶ岳にまつわる天気のことわざを聞いたので紹介します。

　①笠ヶ岳に浮かぶ雲は1時間後に槍・穂高連峰にかかり、気温が下がる
　②白山や浅間山など遠くの山岳が裾野まで見えるときは、荒天となる
　③秋、イワヒバリがエサをあさり出すと降雪が近い
　④飛騨側から風が吹けば好天、信州側から吹けば下り坂
　⑤焼岳の臭気が匂うと、雨が近い
　⑥乗鞍岳に雲がかかると、天気が崩れることが多い

　まずは①についてです。「硫黄の匂いがすると雨」（142ページ）でお伝えしたように、上空で南西の風が吹くと、低気圧や気圧の谷が接近してきます。そのため、槍ヶ岳の南西側にある笠ヶ岳に雲がかかると、その雲は風に流されて槍ヶ岳を覆うようになるというものです。また、天気が崩れると日差しが遮られたり、風が強くなったりするので、体感温度が下がります。
　雷雲が接近するときは、雷雲の下にある冷気が吹き出してきて、急に寒く感じられることがあります。
　②は、日本海側に伝わる「大山がくっきり見えたら翌日は悪天」（129ページ）と同じことですね。もうひとつの理由としては、空気中の水蒸

槍ヶ岳から望む笠ヶ岳

気が多くなると遠くの山がくっきりと見えるということもあるかもしれません。

　③は、イワヒバリが冬の到来に備えてエサをあさり出すと、まもなく雪が降り出す、という意味です。

　④は、高気圧が西側にあるときは、高気圧から吹き出す風で飛騨側、つまり西側から風が吹き、天気がよくなるということですね。また、発達した低気圧や台風などが接近すると、信州側からの風になることが多いので、天気が崩れるというものです。

　⑤は、「硫黄の匂いがすると雨」（142ページ）で説明した通りです。

　⑥については、乗鞍岳は槍ヶ岳の南側にあり、そこに雲がかかるということは、湿った空気が南から流れ込んでいることになります。そのようなときは、低気圧や気圧の谷が接近するときなので、天気が崩れるというものです。

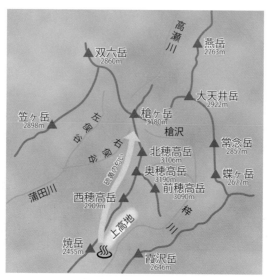

槍ヶ岳と穂高連峰の位置関係

確率

★ 〜 ★★★★

　①は★★★★。精度が高く、笠ヶ岳上空に雲が浮かんでいるか、ある
いは雲がかかったら、天気が崩れると覚えておきましょう。

　②は★★★。日本海から少し離れた槍ヶ岳では当たる場合と外れる場
合とがあります。

　③は★。イワヒバリが降雪を予想してエサをあさり出すというより、
初雪になる前の数日は冷え込みが厳しくなることが多いので、エサをあ
さり出している可能性があると思います。そもそも冬になると、より低
い高度へ移動するイワヒバリですから、エサを焦って確保する必要はな
い気もします。イワヒバリの生態はまだまだ不明な点も多いので、実際
のところはわかりません。

　④は、信州側から風が吹くと天気が下り坂に関しては★★★★ですが、飛騨側から風が吹くときは、天気が崩れることも多く、こちらは★。

　⑤については★★★★。硫黄の匂いがしたら天気が崩れると思ったほうがいいでしょう。

　⑥は★★★★。精度は高いのですが、南岸低気圧が陸地から離れて通過するときに、乗鞍岳付近まで湿った空気が入り、槍ヶ岳には入らないときがあります。そのようなときは、槍ヶ岳では天気が崩れません。梅雨や秋雨の時期に現れやすいので、その時期は★★★。

山谷風って何?

　山谷風というのは、空気と地面の暖まりやすさの違いによって生まれる風のことで、その仕組みは海陸風（138ページ）と同じです。

　地面は暖まりやすく冷めやすい、空気は暖まりにくく冷めにくいという性質があります。そのため、日中、陽が照っているときは地面近くの空気のほうが、地面から離れた空気よりも暖まり、暖まった空気は軽くなるため、山の斜面に沿って上昇し、山頂に向かって風が吹くようになります（次ページの図参照）。この風は山麓から山の頂上へ向かって、あるいは谷の下流から上流に向かって吹くので谷風と呼びます。谷風による上昇気流で雲ができることがあります。特に、夏は晴れていても水蒸気が多いので、谷風が発生すると雲がすぐに発生し、山では霧に覆われることが多くなります。このとき、雲が"やる気"を出せる条件になると、入道雲や雷雲に発達していくことがあります。谷風は、日中、太陽高度が高くなるにつれて強まっていき、午後にピークに達します。沿岸部で午後に海風が強まるのと同じです。夕方になると弱まっていき、夜には山風に変わります。

　夜は太陽が沈み、地面から熱が逃げていくため、地面から離れた空気よりも地面付近の空気のほうが冷えます。すると、地面付近の空気は重くなり、山から平地（谷）に吹き下りる風が吹きます。これを山風と呼びます。この風は朝のうちまで続き、日中になると谷風に変わりますが、谷風より弱く、谷沿いでないと感じられないことがほとんどです。山風が吹いている間は下降気流になるため、雲は蒸発して消えていき、星空が広がります。

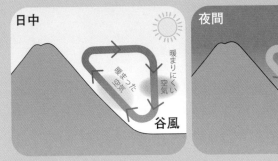

山谷風の仕組み

　このように、夏山では高気圧に覆われているとき、朝のうちは晴れていても、昼前から霧に覆われて、夜になると晴れていく、という天気変化の日が多くなります。夏山では、日帰り登山の場合、山頂に到着する頃には霧に覆われていることが多く、稜線や山頂付近の山小屋に泊まれば、朝焼けやご来光、星空が見られる可能性が高くなります。

　山谷風は、谷が突き上げる尾根上や、谷沿いで感じられます。上高地の河童橋に立つと、昼間は焼岳のほう（下流）から風が吹いてくるのに対し、夜間や早朝は、明神岳（上流）から風が吹いてきます。しかし、これは高気圧に覆われて穏やかに晴れているときの風向で、風が強いときや、低気圧や前線が通過するときには、山谷風は吹きません。したがって、河童橋で朝から焼岳のほうから風が吹いていたり、日中に明神岳側から風が吹いてきたりするときは、天気が崩れることが多くなります。沢登りなどでインターネットやラジオが通じない場所に長くいるときは、この方法で天気を判断することがあります。

6 章

海に関する
ことわざ

朝の雷、
船乗り警戒

（新潟県）

　新潟県に伝わることわざです。「夕立」という言葉があるように、雷と言うと、夏の午後から夜の初めにかけて発生するイメージがあると思いますが、新潟県など日本海側の地域では、冬には連日のように雷が鳴りますし、他の季節でも朝から雷が発生することは珍しくありません。

　雷には「雷三日」（82ページ）で説明したように、いくつかの種類があります。夕立のように、午後から夜にかけて起こるのは、日中の気温上昇によって上昇気流が強められて"雲がやる気"を出すときに発生する雷で、熱雷と呼びます。それに対し、朝から発生するのは、界雷と呼ばれる、前線による上昇気流で"やる気"を出した積乱雲がもたらす雷です。

　界雷は、前線が接近するタイミングで、時間に関係なく起こります。特に、日本海側の地域では、秋から冬の初めにかけて

朝から発生する雷は界雷

158

発生することが多く、そのほとんどは、冬型の気圧配置が強まって上空に強い寒気が入ってくるときと、日本海から寒冷前線と呼ばれる前線が接近するときです。前線が通過したり、上空の寒気が入ってきたりするタイミングが朝であれば、朝から雷が発生するわけです。

　前線が通過すれば天気が回復すると思いがちですが、日本海側では前線の通過後、冬型の気圧配置になって大荒れの天気となることがあります。天気がそこまで悪くならなくても、北西風が吹くため、海は波が高くなってシケることが多くなります。冬型に伴う雷の場合には、そもそも海は大シケ状態です。船乗りは長年の経験、あるいは何世代にもわたって積み重ねられた経験から、このことわざを信じるようになったのだと思います。

確率 ★ ★ ★ ★

　このことわざは信頼性がかなり高いものです。前線通過後、日本海では波が高くなることが多くなります。これは、低気圧から伸びている寒冷前線が通過した後は、高気圧が張り出してくることが多く、西高東低の冬型の気圧配置になるからです。冬型の気圧配置になると、北西風や西風など、日本海から風が吹いてきます。波の高さは、風が強いほど高くなり、また風が海上を吹き抜ける距離が長くなるほど高くなる傾向にあります。

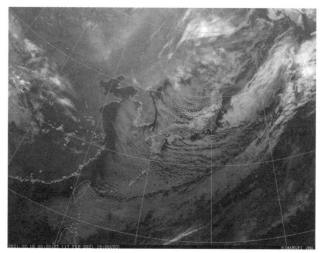

冬型の気圧配置が強まった日の衛星画像（気象庁提供）

　日本海から風が吹くときは、大陸から長い距離を風が吹き抜けるため、新潟県など日本海側では波が高くなります。逆に、南東や東風、南風など陸地から風が吹くとき、海は穏やかになります。天候の急な変化は船乗りたちの命にかかわることなので、彼らのことわざには信ぴょう性が高いものが多い気がします。

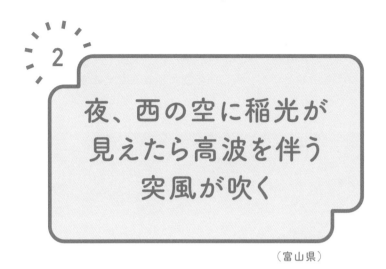

2 夜、西の空に稲光が見えたら高波を伴う突風が吹く

（富山県）

　富山湾は日本海側では珍しく、平均水深が約800ｍと深く、大陸棚が狭くなっています。日本海を流れている対馬海流という暖流が能登半島に沿って流れ込み、暖流系の魚が入ってくる一方で、深いところは水温が低く、栄養が豊富で寒流系の魚が棲んでいます。この独特な自然環境によって、寒ブリやホタルイカ、シロエビ、ベニズワイガニなど特産の魚介類が多く、富山湾は「神秘の海」とか「天然の生簀」などと呼ばれています。

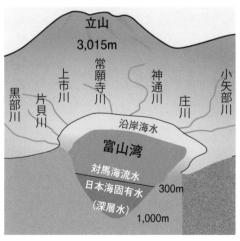

立山
3,015m

常願寺川
上市川
黒部川
片貝川
神通川
庄川
小矢部川

沿岸海水

富山湾

対馬海流水
日本海固有水
（深層水）

300m

1,000m

富山湾の海水構造

　長野県の真ん中に住んでいる私は、新鮮な魚を食べる機会がなかなかないので、富山県に行くときは必ず、寿司を食べます。

　さて、そんな海の幸に恵まれている富山県では漁業

が昔から盛んだったため、海にまつわる天気のことわざがいくつかあります。そのうちのひとつが「夜、西の空に稲光が見えたら高波を伴う突風が吹く」です。

雨晴海岸からの立山連峰。富山湾は北アルプスから直接落ち込んでいる、水深の深い湾 (gingerm / Shutterstock.com)

　さて、稲光は積乱雲と呼ばれる雷雲で発生します。積乱雲は、寒冷前線が通過したり、上空に寒気が入って大気が不安定になったりしたときに発生します。夏に夕立があると、急に気温が下がりますよね。これは、積乱雲の下では激しい雨により空気が冷やされながら下降していくので、冷たい空気が地面付近に溜まるからです。また、真っ暗な雲が近づくときに、冷たい突風が吹くことがありますが、これは下降してきた冷気が地面に衝突し、それが周囲に広がっていくときに起きる突

積乱雲から発生する突風の仕組み

風です。

　寒冷前線によって積乱雲が発生する場合、前線は北西から南東、あるいは西から東へ進んでいくので、西の空で稲光が見えるときは、やがてその雷雲が近づいてきます。雷雲が来る前には、雷雲から吹き出した冷気による突風が発生することがあり、その突風によって波が急激に高まることもあります。こうした天候の急変を恐れていた昔の漁師さんたちが、海での遭難を避けるために、このことわざをつくったのかもしれませんね。

　寒冷前線による稲光であれば信頼性が高く、★★★★ですが、違う要因によって発生する雷の場合には、西の空で稲光が見えても近づく前に弱まる場合や、東に進んでこない場合もあります。稲光をもたらす雷雲がどのように動いていくのかを見極めることが大切です。

6

海に関することわざ

3 磯鳴りは 西風強くなる兆し

（新潟県から北の日本海側）

　磯鳴りというのは、大きな波が海岸で砕ける音のことです。波には風浪とうねりの2種類があります。風浪は、海面上を吹く風によって発生する波のことで、うねりは、広い範囲で風浪が生じることによって、その波が遠くの海域に及ぶもののことです。つまり、風浪は低気圧や台風が近くにあるところで発生する波、うねりはそれらから離れたところで発生する波と言えるでしょう。土用波という言葉がありますが、これは土用の時期（※）に発生するうねりのことです。この時期になると、日本のはるか南海上で台風が発生して、日本列島の太平洋岸に高いうねりが押し

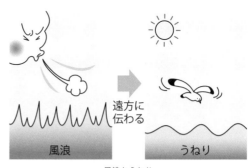

遠方に伝わる

風浪　　うねり

風浪とうねり

※　土用は、立春・立夏・立秋・立冬の前のそれぞれ18日間のことです。そのなかで、立秋の前の18日間を「夏の土用」といい、今では土用といえば夏の土用を指します。

寄せてくることが多いことから、土用波と言われるようになりました。

　風浪の大きさは、風の強さと吹走距離、吹走時間によって決まります。吹走距離は、海の上を風が吹き渡る距離のこと、吹走時間は、海の上を風が吹き渡る時間のことです。つまり、風が強いほど風浪は大きく（高く）なり、同じ風の強さでも長い距離、長い時間、風が吹くほど風浪は大きく（高く）なります。

　日本海側の地域では、日本海から風が吹くと、吹走距離と吹走時間が長くなり、風浪は大きくなります。新潟県から北の日本海側では、西の方角に海があるため、西風が吹くと風浪が大きくなり、磯鳴りが聞こえるのです。

　新潟県と神奈川県で育った私は、海を見るのが好きでしたが、特に冬の日本海は、冬型の気圧配置になって北西風が強く吹くことが多いため、風浪が大きくなり、磯鳴りの迫力は凄まじいものでした。その迫力と、季節風が強い日に岩に打ち寄せた波が白い泡になって雪のように舞う「波の花」に心を惹かれて、「海に連れていって」と大人たちによくせがんだものでした。子どもの頃から変わっていましたね（笑）。

日本海側の「波の花」（FUMIO_YOSHIDA / amanaimages）

新潟県柏崎市では磯鳴りを聞くとき、風の向きによって名前をつけていたようです。たとえば、東風をアイノカゼ、南東風をヤマセ、北西風をヒカタモンなどと呼んでいたようですね。柏崎と言えば、北前船の寄港地。海が荒れると、転覆する可能性があったり、船が寄港できなくなったりすることから、風の方角を見定めるために、風の音を聞いて風向から波の高さを判断していたようです。ちなみに、ヤマセは普通、関東から北の太平洋側に吹く冷たい北東風ですから、場所によって呼び方が違うのも面白いですね。

磯鳴りがし始めると、西風は強くなる傾向にあるというのは解説した通り、科学的に裏づけられています。しかしながら、磯鳴りがするときは、すでに西風が強くなっていることもあり、西風が強いからこそ磯鳴りがするというのが実際のところでしょう。ということで、磯鳴り自体が西風の強さの前兆ということではありません。そうは言っても、昔の人は磯鳴りの音によって、船が着くかどうかや、安全な航行が可能かどうかなどの判断をしていたことは事実のようです。

参考文献

◎「天気のことわざ――天気俚諺・観天望気」 http://econeco.sakura.ne.jp/kotowaza/2010/12/post-4.html

潮が満ちてくるときの雨はやまない

（神奈川県）

　潮の満ち引きは、月（他にも太陽などの天体）と地球の間に働く引力と遠心力の差によって起こります。次の図のように、月のほうにある海面は、月の引力によって海水面が盛り上がり、月と反対側の海面は、引力よりも地球と月が太陽の周りを回る遠心力のほうが強くなるので、海水面が盛り上がります。そのような状態を満潮と言います。

　特に、満月や新月のときには、月と地球と太陽（新月のときは地球と月と太陽）が直線的に並び、月と太陽の引力が重なるので、海面の変化が

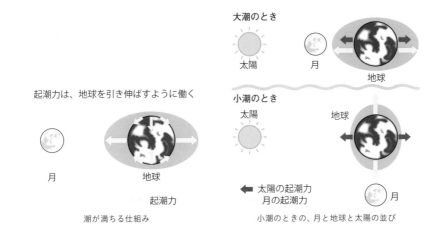

大潮のとき

太陽　　月　　　地球

起潮力は、地球を引き伸ばすように働く

小潮のとき

太陽　　　　　地球

月　　　　地球

起潮力

潮が満ちる仕組み

← 太陽の起潮力
月の起潮力

月

小潮のときの、月と地球と太陽の並び

6

海に関することわざ

167

より大きくなります。これを大潮（おおしお）と呼びます。半月のときには、地球から見て月と太陽は直角の方向にあり、月と太陽の引力が邪魔をしあって、海面の変化が小さくなります。この状態を小潮（こしお）と言います。

逆に、月と反対側でもなく、月と面してもいないところは海水面が下がります。そのような状態を干潮（かんちょう）と言います。地球は1日1回自転するので、多くの場所では1日に2回の満潮と2回の干潮を迎えることになります。

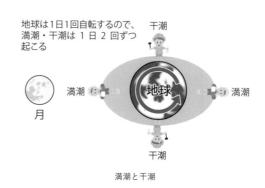

地球は1日1回自転するので、満潮・干潮は 1 日 2 回ずつ起こる

満潮と干潮

今回のことわざは、潮が満ちてくるときは雨が長く続くという意味です。潮の満ち引きが月や太陽によってもたらされているというのは、何かロマンを感じますよね。私にとっては、潮の満ち引きの最初の体験は、ロマンというより驚きでしかありませんでしたが。

最初に潮の満ち引きを意識したのは小学校の高学年でした。それまで新潟の海しか知らなかったのですが、日本海は潮の満ち引きが小さく、1日の水位差は最大30cmくらいしかありません。神奈川県に移ったとき、初めて相模湾の干満差を体験し、その大きさに驚きました。満潮になりつつあるとき、砂浜で砂の城などをつくっていたら、どんどん波が押し寄せてきて、あっという間に波にのまれてしまいました。逆に干潮のときには、砂浜がずっと沖合に延びていて、まったく違う場所のようでした。また、波の高さにも驚きました。日本海というと、冬の荒波が有名ですが、夏は湖のように穏やかな日が多く、また比較的遠浅な海になっています。一方、相模湾は波が高く、大陸棚が狭いので、急激に水深が深くなっています。一度、大きな波に巻き込まれたことがあって、まる

で洗濯機の中に入れられたような体験でした。海水パンツの中は砂まみれになり、ひどい思いをしましたが、それを見ていた父親と妹が大笑いしていて、「鬼のような人たちだ（笑）」と思ったものでした。それ以来、「太平洋は怖い海」というイメージが今も続いています。

確率 ★

　潮の満ち引きは、地球と月、太陽の位置関係によるもので、気象に大きな影響を及ぼすことはありません。ロマンを感じることわざですが、当てにはならないようですね。

6

海に関することわざ

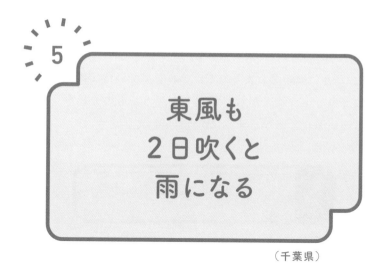

東風も
2日吹くと
雨になる

（千葉県）

　千葉県浦安市に伝わることわざです。浦安市といえば、東京ディズニーランド。現在では東京湾の一部が埋め立てられて、東京のベイエリアとして発展していますが、昔は広大な干潟があり、潮干狩りや漁業が盛んな村でした。漁師は自分たちの命を守るために、天気の変化を目や耳、肌などで感じ取って天気を予想してきました。こうした天気予報のやり方を観天望気と言います。漁師さんたちの何世代にもわたる経験のなかから、このことわざが生まれました。

浦安での風の呼び方

170

関東地方は北側と西側に山があり、東側と南側には海があります。海から風が吹くときに湿った空気が入りやすく、天気が崩れる傾向があります。一方、山側から風が吹くときは、山を越えて吹き降りると空気が乾燥していくことや、湿った空気が山に堰き止められて越えてこられないことなどから、天気がよくなります。このため、千葉県浦安市を含む関東地方の平野部では、北東〜東〜南東〜南から風が吹くときに、天気が崩れやすくなり、北〜北西〜西〜西風のときは天気がよくなることが多くなります。

関東地方の風向と天気

また、高気圧が関東地方の東側へ通り過ぎていくと、高気圧の中心付近から吹き出す東寄りの風が吹くことが多くなります。高気圧の中心付近は下降気流が起きているので、天気がよくなりますが、高気圧の中心が遠ざかると、低気圧や気圧の谷が近づいてくることが多く、天気が崩れることが多くなります。こうした知識はなかったかもしれませんが、昔の人は経験からそれを学んでいたのでしょう。

このことわざの肝は、「２日吹く」の部分です。東風が１日だけだと、

6

まだ雨が降らないこともあるが、2日続けば、雨になる確率が非常に高くなるということです。高気圧が東へ抜けたばかりだと、東風になっても雲が多くなる程度で、雨が降るまではいかないこともあります。また、1日目が東風で2日目に西風に変わるときは、一時的に雲が広がっても、すぐに天気が回復することが多くなります。2日続けて東風が吹くようなときは、高気圧が東側にあるという気圧配置に変化がなく、低気圧や前線が接近する確率がかなり高くなります。したがって、このことわざは、非常に精度が高いと言えるでしょう。浦安の漁師さんに敬意を表したいですね。

前線って何？

　前線とは、暖かい空気と冷たい空気、あるいは乾いた空気と湿った空気というように、2つの異なった性質を持つ空気の塊同士が地表でぶつかるところを言います。前線は、地上から上空へと伸びていて、上空の部分を前線面といいます。暖かい空気は冷たい空気より軽く、湿った空気は乾いた空気より軽いので、暖かい空気が冷たい空気の上を、湿った空気は乾いた空気の上を上昇していきます。この上昇気流によって雲が発生するので、前線付近では天気が悪くなります。前線面は地上付近から上空に伸びているので、上昇気流が発生する場所は、前線の近くでは地上に近いところになり、前線から離れるにつれて上空の高いところになっていきます。そのため、雲ができる高さも前線付近では低く、前線から離れるにつれて高くなっていきます。雲の元になる水蒸気は地上付近ほど多く、上空に行くにつれて少なくなっていくので、地上に近いところほど雲は密集して雲粒同士が衝突し、雨粒に成長しやすくなります。そのため、前線に近いところでは乱層雲と呼ばれる雨雲ができ、次いで高層雲（おぼろ雲）、巻層雲（うす雲）、巻雲（すじ雲）という順に、次第に高いところの雲に変化していきます。

　前線が接近するときは、空を見てみましょう。薄くて上空の高いところにある雲から、次第に厚みを増して低い雲に変わっていく様子がわかります。うす雲が西の空に現れたら、半日〜1日後に雨が降り出すことが多く、うす雲が全天を覆い、おぼろ雲が西の空に現れると、数時間から半日後、おぼろ雲が全天を覆うと、高い山では間もなく雨が降り出し、低い山や平地でも数時間後には降り出すことが多くなります。雲の変化から雨が降り出すタイミングを予想してみましょう。

① まず、巻雲（すじ雲）が広がっていく

② 西の空から巻層雲（うす雲）が広がっていく

③太陽がおぼろげに見える高層雲（おぼろ雲）

④乱層雲（雨雲）に変わって雪（または雨）が降り出す

温暖前線が接近するときの雲の変化

7章

著者オリジナルの
ことわざ

「かかぁ天下とからっ風」で有名な群馬県。からっ風とは、乾いた冷たい風のことです。赤城山から関東地方に吹き下ろす風を特に、「赤城おろし」と言います。東京都心で木枯らしが吹くのもこのようなときです。私は、関東地方に長く住んでいました。関東平野の真ん中にある埼玉県に住んでいたときは、冬になると、この赤城おろしの吹きつけが厳しかったものでしたが、神奈川県西部に住んでいたときは、丹沢山地に北風が遮られて、からっ風が吹くことなく、とても暖かった記憶があります。

　からっ風や赤城おろしは、どうして吹くのでしょうか？　また、からっ風が吹くとき、なぜ山の向こうは大雪となるのでしょうか？

　冬になると、ロシア・シベリア地方で高気圧が発達し、そこから吹き出す冷たくて乾いた空気が北西の季節風に乗って日本付近にやってきます。この空気は、日本海を渡る間に、次第に湿った空気に変わり、また、下のほうから暖められて非常に不安定な空気となります。このため、日本海で積乱雲や積雲などの、大気が不安定なときに発生する雲ができ、北西の風に流されて日本海側に侵入します。

　日本列島の中央部には背骨のように山脈があるため、雲は山にぶつかって上昇し、さらに発達していきます。このため、山脈の風上側では大雪となるのです。雪を降らせた空気は、山の反対側へと吹き下りていきます。空気は下降すると乾燥していきます。そのため、冬になると、日本海側では雪や雨、太平洋側では晴れといった天気分布になることが多いのです。

　これを赤城おろしに当てはめると、日本海からやってくる雪雲が新潟県に雪を降らしながら谷川連峰で上昇し、さらに成長して、新潟県の山沿いや谷川連峰に大雪をもたらします。雪雲は山を越えると弱まり、利根川に沿って吹き降りる間に乾燥して消えていきます。このため、関東平野では澄んだ青空が広がりますが、北〜北西風が強まります。この風は群馬県南部で、長野県から碓氷峠を越えて吹き降りる風と合流してさらに強まり、関東平野に住んでいる人からすると、赤城山から風が吹き下ろすように感じます。

群馬県北部の小野子山から見た、谷川連峰にかかる雪雲

　これは何も群馬県だけのことではなく、乾いた空気が吹き下ろしやす

い、太平洋側の各地で見られる現象です。このようなときは、日本海側の山岳では猛吹雪となっており、登山は中止したほうが無難です。

　子どもの頃は、冬に上越線の鈍行列車に乗って、関東地方から故郷の新潟県へよく行ったものでした。そのときに、高崎市辺りでは抜けるような青空が広がり、上越国境に近づくにつれて、青空からキラキラと乾いた雪が降りてくるのに心を奪われたことがあります。群馬県北部の沼田市辺りでは、谷川連峰から飛ばされてくる乾いた雪のことを「吹越」と呼ぶそうです。何とも情緒のある言葉ですね。そして、清水トンネルを抜けて新潟県湯沢町に入ると、激しく降る雪と高い雪の壁に驚かされました。まさに、川端康成の『雪国』の世界です。私が天気に興味を持ったのも、この上越国境の劇的な天気の変化からで、いわば私を天気の世界に誘ってくれたのは「赤城おろし」と言えなくもないのです。

　関東平野や甲府盆地、松本盆地でからっ風（乾いた北または西よりの風）が吹くときは、谷川連峰の新潟県側や、北アルプスの富山県側など、山の向こう側は雪になっています。私がつくったことわざなので、非常に当たります！（笑）

北アルプスにかかる雪雲と晴天の松本盆地

2 海側から 風が吹くと 山はガス

　山の天気を端的に表した自作のことわざです。「ガス」は、登山者が使う「霧」を表す言葉です。そこで、まずは山にガスがかかる、つまり山で雲ができる仕組みを考えましょう。

　水蒸気は上昇して冷やされることで、空気中の塵などと結びつき、水滴や氷の粒となっていきます。これが雲の正体です。つまり、雲ができるためには、水蒸気を含んだ空気と、空気が上昇すること（上昇気流と言う）が必要になります。水蒸気を含んだ空気は、海上にあります。海の上では水分が絶えず蒸発して水蒸気が溜まっているからです。海の上を長く吹き抜けてきた風は水蒸気をたっぷりと含んでいるので、海から風が吹いてくると、天気が崩れる傾向にあります。

　いくら水蒸気が多くても、それを含んだ空気が上昇しないと雲はできません。したがって、上昇気流が起きる場所を知ることが、雲のできる場所、

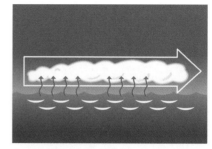

海の上を風が吹くと、空気は水蒸気を多く含んでいく

つまり天気が崩れる場所を知る手がかりになります。上昇気流が発生する場所は次の通りです。

① 低気圧や台風の中心付近

低気圧や台風は周辺から
中心に向かって風が流れ込
むため、行き場を失った空
気は上昇していきます。

低気圧に吹き込む風

② 前線付近

暖かい空気と冷たい空気
がぶつかるところに前線が
できます。暖かい空気のほ
うが軽いので、冷たい空気
の上を上昇していきます。

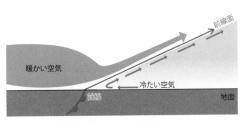

前線で上昇気流が発生する仕組み

③ 空気と空気がぶつかり合うところ

風と風が衝突すると、行
き場をなくした空気は上昇
していきます。

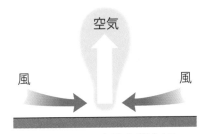

風と風がぶつかり上昇気流が発生する

④ 地面が暖められるところ

　山の南斜面（午前中は東〜南東、午後は南西〜西斜面）など、周囲より暖められやすいところでは上昇気流が起こりやすくなります。

日射により暖められた空気が上昇してできた雲

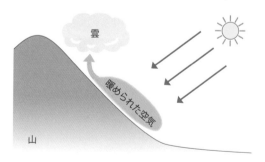

日射によって上昇気流が起きる仕組み

⑤ 山の斜面

　山の斜面で風が吹いたり、斜面が暖められたりすると上昇気流が発生します。

　平地の場合は、①〜④のときに上昇気流が発生し、雲ができることが

ありますが、山の場合は⑤の場合でも雲が発生することがあります。このとき、平地では上昇気流が起きないので、平地では晴れているのに山では雲がかかることになります。それでは、どうして風が吹くと、山の斜面で上昇気流が発生するのでしょうか？

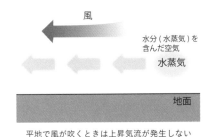

平地で風が吹くときは上昇気流が発生しない

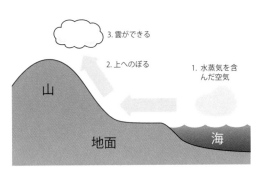

風が吹くとき、山で雲が発生する仕組み

　上のほうの図のように、風が右から左へ吹いてくるとします。平地では風が上昇することなく、そのまま吹き抜けていくので雲はできません。一方、下のほうの図のように山がある場合、右から吹いてきた風は、山の斜面に沿って昇っていきます。ここで上昇気流が発生し、雲が生まれていくのです。つまり、山では風が吹くだけで雲が発生することがあります。特に、海から風が吹いてくるときは、水蒸気の補給を受けるため、雲が成長しやすくなります。山では海から風が吹くときに天気が悪化することが多いのはそういう理由です。

山だけでなく、平地においても、海の上を長く吹き抜けてきた風は水蒸気をたっぷりと含んでいるので、上昇気流さえ発生すれば、天気が崩れる傾向にあります。たとえば、「東風も2日吹くと雨になる」(170ページ)で説明したように、関東地方では海側から風が吹くときに天気が崩れる傾向があります。大阪や京都では、大阪湾がある南西風から風が吹くときに、雨が強まることが多くなります。名古屋では伊勢湾からの南風が吹くときに、大雨になることが多いのもそういう理由です。

　山の高さや風の強さにもよるので、100%信頼はできませんが、山の天気の特徴を表した"自作ことわざ"なので、信頼性は高いです。ただし、海から遠い場合でも、川や谷に沿って水蒸気は運ばれてきます。たとえば、私の住んでいる長野県諏訪地方は、日本でも海からの距離がもっとも遠い地域のひとつですが、南西風が吹くときに、太平洋からの水蒸気が天竜川に沿って運ばれるため、岡谷市など西側の地域ほど天気が崩れます。あるいは、南東風の場合は、富士川に沿って水蒸気が運ばれるので、富士見町など東側の地域ほど天気が崩れる傾向にあります。山に登るときに、地図を片手にして

諏訪地域に湿った空気が入るときの風向
(矢印に沿って水蒸気が入ってくる)

「あの雲はどこからやってきたのか」「どの海で生まれた水蒸気がつくり
出した雲なのか」と想像するととても楽しいですよ。

レンズ雲は
強風の前兆

　山に行くときに、注意しなければならない雲があります。それは、積乱雲（雷雲）とレンズ雲（あるいは吊るし雲、笠雲）です。

　積乱雲は、雲がもっとも"やる気を出した"状態で、落雷や強雨（雪）、雹などをもたらす危険な雲です。

　また、レンズ雲、吊るし雲、笠雲は強風のサインとなる雲です。登山において、強風が天気以上にリスクになる場合があります。風は体温を奪うので、風速が毎秒1m大きくなるごとに、体感温度は約1℃下がると言われています。雨や雪を伴った強風が吹けば、低体温症のリスクが高まり、細い稜線や岩場、凍結した斜面などを歩いているときに突風に吹かれると、転滑落の危険が増します。暴風が吹くとテントが倒壊したり、ポールが折れたりすることもあり、命の危機に直面します。したがって、レンズ雲や吊るし雲などを見つけることは登山者にとって大切です。

　さて、これらの雲を見つけるためには、雲の形を覚える必要がありま

す。レンズ雲は凸レンズのような独特な形をしている、雲の輪郭が滑らかな雲で、誰もが一度は見たことがあるでしょう。

レンズ雲。多彩な色に見える彩雲（さいうん）も写っている

　レンズ雲が発生しやすい気象条件は「上空の風が強いとき」「上空に湿った空気が入るとき」です。強い風が山にぶつかることで、山を越える際に風の波が生まれ、それが風下側に伝わっていくことがあります。このとき、風が上昇するところで雲が発生します。山によって風が波打つ現象を山岳波と言い、吊るし雲や笠雲もレンズ雲と同じく山岳波によって発生する雲ですが、笠雲は山の山頂付近に発生するのに対して、

7

著者オリジナルのことわざ

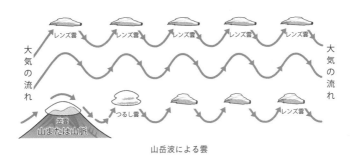

山岳波による雲

吊るし雲は、その風下側に発生します。

　レンズ雲や吊るし雲が出ているとき、平地や山麓では天気は崩れず、風も弱いときがありますが、山の上では風が強く、天気も崩れやすいため、登山前に山頂付近を見て、これらの雲が出ていたら、メンバーの力量や登山ルートを考慮したうえで、強風にさらされる森林限界より上部の行動は控えるなど、登山計画の変更を検討したほうがいいでしょう。

雲の高さと種類

ヤマテンオリジナル手ぬぐいで雲の種類と高さがわかる

　レンズ雲や吊るし雲、笠雲は風が強いときにしかできない雲なので、これらの雲が出現しているときは、中部山岳や富士山などの高い山では強い風が吹いていることがほとんどです。ただし、レンズ雲が高いところにあるときは、標高の低い山では風が弱いことも多いので、レンズ雲の高さを雲の種類から判別する必要があります。前ページの図を参考にしてみてください。

　なお、このイラストを描いた手ぬぐいを好評販売中です。筆者が講師を務める山の天気の講習会や観天望気のツアーなどで販売しているほか、ヤマトリップのオンラインサイト（https://yamatrip.com/shop/）でも販売しています。

7

著者オリジナルのことわざ

風がやむと雷雨
（夏）

　例年、梅雨が明けた後の7月下旬から8月下旬頃にかけて、晴れて蒸し暑い日が続く時期があります。そんな夏の晴れた日は、朝から強い日差しが照りつけてきます。そして、風も弱いことが多いのですが、毎日同じように風の向きや強さが変化します。朝のうちは風が弱く、日中は徐々に吹いてきて、夕方になるとやみ、夜になると弱い風が吹いてくる、といった具合です。そして、日中に吹く風と夜に吹く風とは風向きが逆になっています。この風を海陸風、または山谷風と呼びます（138ページや154ページも参照ください）。

　海陸風は、海に近い場所で発生し、山谷風は海から離れた場所でも発生する風です。「風が止むと雷雨」は文字通り、風がピタッとやむとまもなく雷雨になるという意味で、これには山谷風が深く関わっています。山谷風というのは、空気と地面の暖まりやすさの違いによって生まれる風のことです。

　夏の日中は、谷風と呼ばれる、川や谷の下流から上流へと吹く風が次第に強まっていきます。この谷風同士が両側から衝突するところでは上

昇気流が起こり、雲が発生します。このとき、上空に寒気が入ったり、地上付近が非常に熱せられたり、暖かく湿った空気が入ったりするなど、大気が不安定な状態になると、雲は"やる気"を出して積乱雲（雷雲）に成長していきます。

谷風同士がぶつかるところで多いのは、2つの川の源流にあたる峠です。特に川の向きが峠を挟んで一直線になるところでは、雲の元になる水蒸気が入りやすいことと、風が直接衝突することから、雲が"やる気"を出しやすくなります。

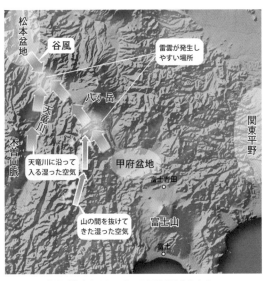

谷風が衝突するところでは雷雲が発生しやすい

じつはこのことわざ、私の経験則から導き出されたものです。私の職場は長野県茅野市郊外の標高900m付近にあり、夏の日中は、山梨県のほうから南東風が吹いています。これは、日中、海が温まりにくく、陸地は暖まりやすいことから、海よりも海から離れた内陸のほうが強く熱せられることで低気圧ができるためです。一方、海は陸地より冷たいの

で、高気圧ができます。風は気圧が高いほうから低いほうへ吹くので、茅野市付近では、晴れて気温が上昇する日は南東風が吹きます。近年はこの標高でも夏の暑さが厳しくなってきていますが、冷房をつけずに何とか仕事をしています。日中になると、窓から心地よい南東風が入ってきますが、急にピタリとやんで蒸し暑くなることがあります。そんなとき、上空を見上げると、雲が職場の上空で"やる気"を出し始めているのです。

職場の上空で"やる気"を出し始めた雲

　これは、何らかの理由で諏訪湖側から北西風が入り込み、南東風と北西風が職場付近で衝突して上昇気流が発生するためです。この風と風が衝突する場所は、その日の空気の状態や気圧配置などによって変化し、その場所では風が弱まって、上空で雲が発生します。

　この現象は、茅野市に特有の現象ではなく、昼間に谷風や海風を感じられるところならどこでも通用することわざです。それだけでなく、寒冷前線が近づいてくるとき、それまでの強い南寄りの風が急に弱まったときにも通用します。ただし、風が弱まった原因が風と風との衝突でない場合や、大気が不安定でないときには、雲が“やる気”を出せず、雷雲に成長しません。とりあえず、風がピタっとやんだら、空を見上げてみることが大切です。

　なお、雷雲が近づいてくるときは、急に冷たい突風が吹くことがあるので、「夏に冷風が急に吹くと雷雨」ということわざもありますね。

7

著者オリジナルのことわざ

5 環八雲に気をつけろ

（東京都）

環八雲という雲をご存じでしょうか？　首都圏にお住まいの方なら聞いたことがあるかもしれませんね。環八雲とは、夏の穏やかな晴天の日に発生し、環状八号線（都道311号）に沿うように列を成す雲のことを言います。

東京湾と相模湾からの海風が衝突してできる環八雲

　環八雲は、「自動車の排ガスによって発生する」と思われている方が
いますが、それは誤りです。日本屈指の交通量がある環状八号線ですか
ら、自動車の排ガスの量が多いことは確かです。また、雲が発生するの
は、水蒸気を含んだ空気が上昇して冷やされて水滴が発生するためです。
水滴が維持されるためには塵や埃、自動車などの排ガスに含まれる微粒
子などが必要になります。したがって、排ガスも雲の発生にまったく無
関係というわけではありませんが、環八雲を発生させるのはもっと違う
原因によるものです。

　環八雲の発生には海風（うみかぜ）が大きく影響します。海風は、海と陸地の暖ま
りやすさの違いによって生まれる、海から陸地へ吹く風のことです。詳
しくは「海陸風って何？」（138ページ）をご参照ください。

　夏の日中は、東京湾から内陸へと風が吹きます。特に海と陸地の温度
差が大きくなる午後にはやや強く吹きます。晴れた暑い日の午後、お台
場やみなとみらい21地
区などの東京湾沿岸や、
ユニバーサルスタジオ
ジャパンなどの大阪湾沿
岸で風が強く吹くことが
ありますが、これは海風
によるものです。この風
は海岸から内陸へと侵入
しますが、次第に摩擦な
どによって弱まり、沿岸
から10〜15km付近で上
昇していきます。この上
昇気流によってできるの

海風前線による雲（東京湾沿岸のドーナツ状の雲）。
（情報通信研究機構（NICT）提供）

7

著者オリジナルのことわざ

が「海風前線」と呼ばれる雲です。

　また、環状八号線付近は、東京湾からの海風と相模湾からの海風が衝突する位置にあります。「風がやむと雷雨」（192ページ）で説明したように、海風同士が衝突するところでは上昇気流が発生し、雲ができます。
　このとき、上空に寒気が入ったり、地上付近が非常に熱せられたり、暖かく湿った空気が入ったりするなどで、大気が不安定な状態になると、雲は"やる気"を出して積乱雲（雷雲）に成長していきます。これは谷風による積乱雲の発生と同じです。特に、多摩西部や埼玉県方面から別の積乱雲が接近してくるときは、積乱雲からの冷気と海風が衝突して、激しい雷雨や突風となる恐れがあります。

「環八雲に気をつけろ」は、環八雲が時間とともに急速に"やる気"を出していくときや、多摩西部や埼玉県方面に別の積乱雲があり、それらが接近してくるときに危険度が増します。多摩西部や埼玉県方面の雲は、環八雲の東側や南側にいると、環八雲に邪魔されて見ることができないので、雨雲レーダーでその存在を確認してみましょう。そんなときは、干している洗濯物や布団を屋内に入れ、窓を閉めましょう。また、雹が降ることもあるので、農作物の管理に注意し、屋外で遊んでいる場合は、落雷から身を守るためにコンクリートの建物や車の中に避難するようにしましょう。

参考文献

◎ 神田学・井上裕史・鵜野伊津志「"環八雲"の数値シミュレーション」『天気』47(2)号、2000年

◎ 仲吉信人・大久保洸平・Alvin C.G.Varquez・神田学・藤原忠誠「東京―練馬―埼玉ラインに見られる海風よどみ領域」　https://www.jstage.jst.go.jp/article/jscejhe/69/4/69_291/_article/-char/ja/

◎ 森田隆之「横浜国立大学と臨港パーク間ライン上における日変化の観測研究」　http://www.fudeyasu.ynu.ac.jp/member/thesis/2015-morita/FARO.html

◎ 服部未佳「横浜国立大学で観測される海風に関する考察」　http://www.fudeyasu.ynu.ac.jp/member/thesis/2022-hattori/index.html

7

著者オリジナルのことわざ

日本でもっとも
雪が深いところは?

　日本には世界有数の豪雪地帯があります。雪の深いところはだいたい、人があまり住んでいない山岳地帯ですが、日本の場合、人が多く住んでいる平地や都市部にも雪がたくさん積もります。雨が降っても水は川に流れていってしまいますが（一部は土の中に蓄えられます）、雪は解けない限り、流れていきませんので、水を長い期間蓄えてくれます。特に、雪がたくさん積もる地域は、低山でも春遅くまで、高山では夏まで雪として水を蓄えてくれるので、空梅雨などで他の地域では干ばつになるときでも水を得ることができます。また、日本海側は「やませ」と呼ばれる冷たい北東風が吹かないので、冷害になる可能性も高くありません。つまり、米を育てるのにとても適した地域です。雪がたくさん積もる障害よりも、米を食べることができるほうが、昔の人にとっては生きていくうえで重要な問題だったのでしょう。豪雪地帯には昔から人がたくさ

大雪が降る場所に都市を築いた日本（新潟県新発田市）

ん住んでいました。江戸時代に人口がもっとも多かったのは新潟県と言われています。

　日本のなかで、じつはギネスブックにも認定されている、世界でいちばん雪の深い場所があります。滋賀・岐阜県境にある伊吹山（1377ｍ）です。今から100年近く前の1927年2月14日、1182㎝の積雪を観測しました。しかし、日本には伊吹山より雪の深い山はたくさんあります。立山連峰や頚城山塊（妙高山など）、鳥海山、月山、白山、越後三山、守門岳などです。これらの場所では観測施設を設置できないので、里に比較的近く、豪雪地帯のなかでは観測に適した伊吹山の記録が世界一になっているのです。

　日本の雪の特異性は、人が住んでいる場所が豪雪地帯であるということです。人里における積雪の最深記録は新潟県板倉町（現・上越市板倉区）の818㎝。国鉄（現・JR）の積雪記録は新潟県境にある長野県栄村の森宮野原駅で、785㎝になります。しかしながら、実際にはこれらの場所よりも松之山町（現・十日町市）や入広瀬村（現・魚沼市）のほうがもっと雪深い場所なので、これらの場所で観測していれば、この記録を超えるような積雪の深さを記録していたと思われます。いずれにしても、これらの場所では、昔は電柱の電線を足でまたぐことができたと言われています。近年は温暖化の進行により、これほどの積雪にはなりませんが、現在でもこれらの場所では4〜5ｍの積雪になることがあります。

　世界豪雪年ランキングというのがあります。これはAccuweatherというアメリカのメディア企業が行なった調査で、人口10万人以上の都市中心部における年間降雪量のランキングです。これによると、第1位が青森市、第2位が札幌市、第3位が富山市になっていますが、実際には、第3位が長岡市、第4位が上越市で、いずれも新潟県にある都市です。長岡や上越がランキングに入っていないのは、おそらくAccuweatherの調査が県庁所在地に限定していたからだと思われます。いずれにしても、

世界の1〜3位を日本の都市が独占しており、長岡や上越を入れれば1〜5位を独占していることになります。

　それでは、どうして日本の日本海側の地域では、こんなに雪が多いのでしょうか？　日本の雪の降り方の特徴は、冬の期間に集中的に降るということです。冬になると、シベリア、モンゴル方面に高気圧が停滞し、千島列島など日本の北や東に低気圧が停滞する気圧配置がよく現れます。この気圧配置を冬型と言います。冬型になると、中国大陸から日本に向かって風が吹きます。大陸育ちの風は、はじめ冷たくて乾いています。それが日本海を渡る間に、下から水蒸気の補給を受けて湿った空気に変わっていき、雲が発生します。

　また、日本海の水温が相対的に高いので、海に接した下のほうの空気は次第に暖められていきます。一方、上空にはシベリアからの冷たい空気が入ってきます。そのため、空気の高いところと低いところの間で温度差が大きくなり、大気が不安定となって対流が発生します。対流とは、上下の温度差が大きくなると、温度差を和らげようとして起こる空気の運動のことです。対流により、暖かい空気が上昇するところで雲が発生し、それが北西の季節風に流されて、日本海を日本列島に向かって進んでいきます。進んでいく間に、日本海から水蒸気と熱の補給を受けて、雲は"やる気"を出していきます。雪雲が日本列島に上陸すると、中央部に山があるため、山の斜面で上昇気流が強められ、雲はさらに"やる気"を出して、大雪をもたらすような雲になっていくのです。

　同じ日本海側でも、豪雪になるところと、それほど雪が積もらないところがあります。雪雲は山にぶつかって成長するので、山沿いのほうが海岸や平野部よりも雪が多くなります。海岸は対馬海流という暖流の影響で、気温があまり下がらないことや風が強く吹くこともあり、雪の積もり方は山間部よりも少なくなります。

　また、日本海寒帯気団収束帯（以下、JPCZ）が発生すると、その場所

で大雪が降ることがあります。シベリアからの季節風が朝鮮民主主義人民共和国（北朝鮮）に達したときに、長白山脈やケーマ高原といった高い山を避けて南北に分かれます。それが日本海で再び衝突することで発生する収束帯（風と風が帯状にぶつかり合うところ）をJPCZといいます。「風がやむと雷雨」（192ページ）のところで解説したように、風と風が衝突するところでは上昇気流が生まれます。日本海には水蒸気がたっぷりあるので、雲が発生し、そのときに上空に寒気が入ると大気が不安定になって、雲が"やる気"を出し、JPCZの周辺や延長線上に大雪をもたらすのです。JPCZが発生しやすいのは、山陰地方から新潟県にかけてです。特に、若狭湾付近は発生することが多く、伊吹山はその延長線上に位置します。おそらく、世界記録を達成した年は、若狭湾でJPCZによる雪雲が頻繁に発達した年だと想像できます。

豪雪地帯になる場所

能登半島や富山湾沿岸から新潟県の上・中越地方でもJPCZはよく発生します。新潟県上・中越地方に豪雪地帯が集中しているのはこのためです。そして、大陸から日本列島までの距離も積雪の多さに関係してきます。前述の通り、雪雲が発達するためには、日本海からの熱と水蒸気の補給が重要になります。北陸地方[※1]から山形県付近は日本海の幅が広く、水蒸気の補給をもっとも受けられる地域です。また、日本海には対馬海流と呼ばれる暖流が流れており、真冬でも北陸沿岸では水温が10℃以上あります。もちろん、冬の日本海に飛び込んだら、すぐに低体温症に陥りますが、シベリアのマイナス数十℃という冷たい空気と比べれば、温泉のような温かさです。この温度差が雪雲を成長させるのです。日本海の水温は西の地域ほど高く、北に行くほど低くなるので、北海道付近では大陸との距離が短く、水温も低めなので、雪雲は北陸地方ほど発達せず、冬の期間の降水量は、北陸地方よりだいぶ少なくなります。ただし、北海道は気温が低いので、北陸地方が雨になるときでも北海道では雪になり、一度積もった雪はなかなか解けません。そのため、じわじわと積雪が増えていき、結果としてかなりの積雪量になるのが特徴です。

　温暖化が進んだ現在は、冬の平均気温がプラスでギリギリ雪になっていた北陸地方や山陰地方の平野部では積雪が激減しており、東北地方の日本海沿岸部でも減少しています。また、北陸地方（特に北陸3県）や山陰地方では、山沿いでも積雪が減少してきています。これは、北陸地方や山陰地方などでは、西日本に強い寒気が入るときに大雪になりますが、そういう降り方が減ってきていること、そして気温が上昇し、雪ではなく、雨やミゾレになることが増えているからです。このため近年で

※1　ここでは気象庁の区分に従い、新潟県、富山県、石川県、福井県を指します。ただし、北陸3県と呼ばれる富山県、石川県、福井県を指すのが一般的です。

は、東北地方が最深積雪を観測することが増えてきました。有名なのは、アメダスの観測地点で日本一になることの多い標高約900ｍの青森県の酸ヶ湯や、山形県の肘折温泉です。また、アメダスによる観測地点のない場所では、前述の新潟県松之山町や魚沼市大白川と並んで、月山山麓にある山形県西川町志津も日本屈指の豪雪地帯です。

結論から言うと、以下の感じになるかなと思います。

豪雪ランキング

	1980年代まで （近年では寒冬大雪の年）	1990年代以降 （近年では平年並みか暖冬の年）
常住している集落	1. 新潟県上越市安塚区須川 2. 新潟県十日町市天水越 3. 新潟県糸魚川市西飛山	1. 山形県西川町志津 2. 新潟県魚沼市大白川 3. 新潟県十日町市天水越
旧市町村の 中心地ランキング	1. 新潟県松之山町 　（現・十日町市） 2. 新潟県入広瀬村 　（現・魚沼市） 3. 新潟県牧村（現・上越市）	1. 新潟県松之山町 　（現・十日町市） 2. 新潟県入広瀬村 　（現・魚沼市） 3. 新潟県津南町
気象庁のアメダス による観測地点	1. 青森県青森市酸ヶ湯 2. 新潟県津南町 3. 新潟県守門村（現・魚沼市）	1. 青森県青森市酸ヶ湯 2. 山形県大蔵村肘折 3. 新潟県津南町
人口10万人以上 の都市	1. 上越市 2. 青森市 3. 長岡市	1. 青森市 2. 札幌市 3. 長岡市

　北陸地方では、富山県の旧・利賀村と世界遺産の五箇山で有名な平村・上平村（現在はいずれも南砺市の一部）、立山ガイドを輩出してきた立山町芦峅寺、石川県の旧・白峰村（現在は白山市の一部）が豪雪地帯として挙げられます。これらの地域もかつては新潟県や山形県の山間部をしのぐ豪雪になることもあり、日本1、2位を争う豪雪の村でしたが、近年は積雪が減ってきて、新潟県や山形県の豪雪地に比べると見劣りする感

じです。

　積雪量や降雪量自体は温暖化に伴い、気温が高い地域ほど減少傾向にありますが、降り方は極端になってきており、近年でも24時間で100cmを超えるようなドカ雪が新潟県長岡市や上越市、福井市などの都市部でも降っていて、北陸道や関越道、国道などの幹線道路で交通障害が発生するケースも増えてきています。日本海の水温が上昇傾向にあることから、水蒸気や熱の補給は受けやすくなっており、強い寒気が入ると短時間に大雪になる一方で、寒気が抜けると気温が高い期間が続き、積雪は急激に減少する傾向にあります。

　昔は北陸地方の平野部でも12月下旬頃から根雪[※2]になり始め、年末年始あるいは、年が明けてから積雪がどんどん増えていき、2月下旬頃にピークを迎えることが多かったのですが、近年は北海道を除いて、ドカっと雪が降り、一気に積雪が増えるが、その後は減っていく、というのを繰り返すことが多くなってきています。特に、この傾向は平野部で顕著で、暖かい時期に積雪がなくなることが増えてきているので、北陸3県や山陰地方の平野部では、根雪になる年も少なくなっています。

※2　長期積雪のこと。冬の間中、解けることのない積雪。気象庁の定義では、30日以上、連続して積雪がある状態。

▬ 著者紹介

猪熊 隆之 （いのくま・たかゆき）

▶ 1970年生まれ。全国330山の天気予報サイトを運営する、国内唯一の山岳気象専門会社ヤマテンの代表取締役。山岳気象予報士。テレビ番組の撮影協力、講演や講習会の講師としても活躍している。また、全国各地の山で、空を見ることの楽しさ、安全登山のための雲の見方などを伝える活動も精力的に行なっている。
著書に『山岳気象予報士で恩返し』（三五館）、『山岳気象大全』（山と溪谷社）、『山の天気にだまされるな!』『山の観天望気』（ともに、ヤマケイ新書）など。

- ●── カバー・本文デザイン、DTP　　駒井 和彬（こまゐ図考室）
- ●── 本文図版　　ニシ工芸
- ●── 校正　　曽根 信寿

てんき　　　　　　　　ほんとう　あ
天気のことわざは本当に当たるのか
かんが
考えてみた

2023年 7 月 25 日　　初 版 発 行

著者	いのくま たかゆき **猪熊 隆之**
発行者	内田 真介
発行・発売	**ベレ出版** 〒162-0832　東京都新宿区岩戸町12 レベッカビル TEL.03-5225-4790 FAX.03-5225-4795 ホームページ　https://www.beret.co.jp/
印刷・製本	三松堂株式会社

ISBN 978-4-86064-732-2 C0044　　　　　　　　　編集担当　永瀬 敏章